導体超進化論
を制する技術の未来

黒田忠広

日経プレミアシリーズ

本文を読む前に知っておくと便利な用語集

アーキテクチャ　コンピュータの基本設計や設計思想

後工程　チップをパッケージに配線し封止する工程

ウエハー　単結晶シリコンでできた円柱を薄くスライスした円盤状の板。チップ製造の材料

ゲート　トランジスタをオン・オフさせる制御端子

コンパイル　プログラミング言語で書かれたソースコードをコンピュータが直接実行可能な機械語に変換すること

専用チップ　市販されず特定用途に用いられるチップ。グーグルのＡＩチップやアップルのＣＰＵなど

チップ　シリコン基板にトランジスタと配線が集積された１㎝角程度の半導体集積回路

デバイス　トランジスタや配線などの電子回路の部品

トランジスタ　電気信号を増幅またはスイッチングすることができる半導体素子

半導体　電気を通す導体と電気を通さない絶縁体の中間の性質を持ち、電気の流れを制御できる物質

汎用チップ　市販されて一般用途に使われるチップ。メモリチップやインテルのＣＰＵ

など

ファウンドリ　チップの製造を専門に行う企業。設計メーカーが開発したチップを製造する

フォトマスク　フォトリソグラフィでシリコン基板上に素子や回路のパターンを転写するための原板。チップを製造するために数十枚のフォトマスクが用いられる

フォトリソグラフィ　フォトマスクのパターンをチップに転写する技術。レジスト塗布と露光と現像の工程からなる

プロセス　チップの製造工程

前工程　ウエハーにデバイスを製造する工程

ムーアの法則　チップの集積度は1年半から2年で2倍になるという経験則

メモリチップ　データを記憶するチップ

ロジックチップ　データを処理するチップ

ASIC　Application Specific Integrated Circuit の略でエーシックと読む。特定用途向け集積回路、すなわち専用チップのこと

CAD　Computer-Aided Design の略でキャドと読む。コンピュータによる設計支援ツール

CMOS　Complementary Metal-Oxide-Semiconductor の略でシーモスと読む。P型とN型のトランジスタを相補的に動作させる回路。断面構造が金属（M）－酸化膜（O）－半導体（S）であることからトランジスタをMOS（モス）と呼ぶ

CPU　Central Processing Unit の略でシーピーユーと読む。データ処理を行うチップ

DRAM　Dynamic Random Access Memory の略でディーラムと読む。データを一時的に格納するメモリチップ

EDA　Electronic Design Automation の略でイーディーエーと読む。半導体や電子機器の設計作業を自動化で行うこと、またはそのツールやソフトウェア

EUVリソグラフィ　ＥＵＶは Extreme Ultraviolet の略でイーユーブイと読む。ＥＵＶリソグラフィは、波長の短い極端紫外線を使った最先端の露光技術

FinFET　Fin Field-Effect Transistor の略でフィンフェットと読む。チップの表面につくられた旧来のトランジスタに比べてゲートの支配力を高めるために立体構造になったトランジスタ。魚のヒレ（Ｆｉｎ）に似ていることからついた名称

Flash　フラッシュと読む。データを長期格納するメモリチップ。ＮＡＮＤ（ナンド）型とＮＯＲ（ノア）型がある

FPGA　Field-Programmable Gate Array の略でエフピージーエーと読む。製造後に回路をプログラムできる集積回路

GAA　Gate All Around の略でジーエーエーと読む。ＦｉｎＦＥＴに比べてさらにゲートの支配力を高めるためにゲートがチャネルを取り囲む構造の新型トランジスタ

GPU　Graphics Processing Unit の略でジーピーユーと読む。並列処理に長けてグラフィックスやAI処理に向いたチップ

imec　Interuniversity Microelectronics Centre の略でアイメックと読む。微細加工技術で世界をリードしているベルギーの研究機関

SoC　System on a Chip の略でエスオーシーと読む。一枚のチップに、プロセッサコアやマイクロコントローラ、専用機能などを集積して、システムとして機能するように設計されたチップ

TSMC　Taiwan Semiconductor Manufacturing Company（台湾積体電路製造股份有限公司）の略でティーエスエムシーと読む。台湾にある世界最大のファウンドリ

VLSI　Very Large Scale Integration の略でブイエルエスアイと読む。10万以上のトランジスタを集積した複雑かつ大規模なチップ

I

一陽来復 Prologue

1　晩餐会――舞台は回る

２０２２年12月14日夜――。

ホテルオークラの大宴会場「平安の間」は４００人の熱気に包まれていた。司会者のアバターが大きなスクリーンに登場し、人々はようやく着席した。

最前列中央の席にはＶＩＰが並ぶ。

自民党半導体戦略推進議員連盟会長の甘利明、経済産業大臣の西村康稔、理化学研究所理事長の五神真。経済産業省商務情報政策局長の野原諭、総務課長の西川和見、課長の金指壽、室長の荻野洋平。

産業界からは、ＮＴＴ会長の澤田純、ＪＳＲ名誉会長の小柴満信、東京エレクトロン元会長の常石哲男と社長の河合利樹、アドバンテスト社長の吉田芳明、ＳＣＲＥＥＮホールディングス社長の廣江敏朗、ソニーセミコンダクタソリューションズ社長の清水照士、キオクシア社長の早坂伸夫、ルネサスエレクトロニクス社長の柴田英利、ミライズテクノロジーズ取締役の川原伸章、ＴＨＫ社長の寺町彰博、堀場製作所会長兼ＣＥＯの堀場厚。

さらに、IBM研究所所長のダリオ・ギルと副所長のムケシュ・カレ、imec《アイメック》最高戦略責任者のヨー・デボック、SEMI《セミ》（国際半導体製造装置材料協会）プレジデントのアジット・マノチャ、TSMC副社長のジュン・ホ。TSMCジャパン社長の小野寺誠とTSMCジャパン3DIC《スリーディーアイシー》研究開発センター長の江本裕の顔も見える。

そして、今宵の主役であるラピダス会長の東哲郎と社長の小池淳義が中央の席に座った。

誰もが明るい未来を心に描いていた。

半導体産業は成長産業である。

1982年に150億ドル（約3・7兆円）だった半導体市場が2021年に5000億ドル（約65兆円）に達した。平均年率9・4％の高度成長が40年続いている。

当初、半導体市場は名目GDPの0・2％程度だった。それが、1990年代半ばに0・4％に急伸した。何が起こったのか。

1990年代半ばの出来事として、ウィンドウズ95が世界的なヒット商品になったことを思い出す人も多いだろう。それ以前、半導体はテレビやビデオなどの物理空間を豊かにする家電製品に多く用いられていたが、それ以降はパソコン（PC）やスマートフォンに多く採用されてきた。

　そしてＰＣは仮想空間を生み出し、スマホはそれを持ち歩けるようにした。

　つまり、半導体の舞台が物理空間《フィジカルスペース》から仮想空間《サイバースペース》に拡大したことによって、半導体市場はＧＤＰの０・２％から０・４％に成長したのである。

　近年、半導体市場がＧＤＰの０・６％を目指して再び急伸する動きを見せている。

　新型コロナウイルス禍による特需があったのでもう少し注意深く見極める必要があるだろう。すでに市場は調整局面に入った。だが、調整の先に再び大きな成長が待ち受けているとしたならば、半導体は第三の成長期を迎えることになる。

　半導体が生み出す新たな価値は、物理空間と仮想空間の高度な融合によるデータ駆動型社会の創出であり、社会課題の解決と経済発展の両立である。

　自動走行やロボティクスやスマートシティがその例である。センサーが集めた物理空間のリアルタイムデータをＡＩ（人工知能）が仮想空間のデジタルツインで分析し、直ちに物理空間に戻してモーターを制御する。こうして人々は、目的地まで最短時間と最小エネルギーで安全かつ快適に移動できるようになる。

　世界の半導体はこのようにたくましく成長している。

一方、国内に目を向けると、日本の半導体産業はこの四半世紀の間、休眠状態であった。韓国、台湾、中国が急速に成長するなかで、日本だけが成長できなかった。

日本半導体の凋落《ちょうらく》の要因がいろいろと指摘された。日米貿易摩擦や円高といった経営環境に関する要因。デジタル化や水平分業の遅れなど戦略に関する要因。(1)日の丸自前主義や韓台中の国家的企業育成に対抗できなかった産業政策に関する要因など。

しかし、潮目が変わった。

経営環境は日米連携と円安に好転している。また、デジタル産業やファウンドリへの投資戦略が攻めに変わった。そして、産業政策も国際連携推進に転じた。

国家が覚悟を決めて、つまり国運を賭けて、半導体産業の再生に本腰を入れて取り組んでいる。


今度こそ変わる。

ＳＥＭＩが主催した展示会「セミコン・ジャパン２０２２」のテーマは、「未来を変える。未来が変わる。」であった。

内閣総理大臣の岸田文雄が開会式に駆けつけて次のように檄を飛ばした。

「半導体は、言うまでもありませんが、デジタル化、脱炭素化、また経済安全保障の確保、こうしたことを支えるキーテクノロジーです[2]。

グリーン、デジタルなど、社会課題を成長のエンジンへと転換し、持続可能な経済社会の実現を目指す、新しい資本主義を支える最重要物資です。

コロナ禍を乗り越え、社会経済活動の正常化を進める、また、円安のメリットをいかす。そのためにも、社会を支える半導体について、攻めの国内投資拡大を支援し、経済構造の強靱化を進めていきます。

熊本に誘致したＴＳＭＣの半導体工場は、地域に10年間で４兆円を超える経済効果と７０００人を超える雇用を生むと試算されています。

地方活性化にもつながるこうした投資を、一層後押しすべく、先日成立した補正予算では、１・３兆円を措置いたしました[3]。これにより、半導体の国内投資を全国展開するとともに、次世代半導体開発を進めます。

半導体のサプライチェーンを一国だけで賄うことは難しいという現実も直視しなければなりません。政府が支援する半導体開発プロジェクトにおいても、グローバルな連携を強化していきます。

将来の次世代半導体の量産拠点を担うラピダス社が、昨日、ＩＢＭと共同開発パートナーシップの締結を公表しました。さらに、欧州のｉｍｅｃとも協力しつつ、２０２０年代後半の量産実現を目指します[4]。

ＡＩや量子といった高度な計算システムや、自動走行、次世代ロボットなど、今後グローバルに大きく進化していくデジタル経済を支える最先端の半導体を、日本からも供給していきたいと思っています」

2 東大が動く——アジャイル！

「平安の間」のステージに五神理事長が立った。五神は、東大の総長から理研の理事長に転じる際に、半導体と量子コンピューティングの戦略を携えた。

私が五神総長と出会ったのは２０１９年の５月だった。新緑眩しい本郷キャンパスの安田講堂は、正面玄関が地上３階にある。守衛に身分証明書を見せて中に入り、階段を下りて反時計回りに廊下を回ると秘密基地のような空間が現れた。

五神総長から、日本の半導体復興に何が必要かを尋ねられた。

「エネルギー効率の高い専用チップを効率よく開発し３Ｄ《スリーディー》集積する技術です」と私は答えた。

さらに以下の説明を加えた。

「データ駆動型社会 Society 5.0 の創出に求められるのは、高度なコンピューティングです[5]。これはエネルギーと並んで日本に最も必要な資源です。コンピューティングの課題はエネルギー効率の向上です。データセンターの消費電力は、このままでは10年後に10倍に急増します。エネルギー危機の解決なくして、データ駆動型社会の持続可能な発展はありません。

エネルギー危機の原因は、実はＡＩにあります。爆発的に増大するデータをより高度に分析するために、この10年間にＡＩの計算量は４桁も増大しました。一方で、その計算を担う汎用プロセッサの電力効率は10年で１桁しか改善していません[6]。

エネルギー効率を改善するテクノロジーは、半導体の微細化と３Ｄ集積にあります。微細化では、日本は世界の最先端から大きく遅れてしまったので、これは海外から学ぶべきです。

一方、日本には3D集積で必要となる素材や製造装置の優れた技術が点在しています。3D集積のチョークポイントを押さえるべきだと考えます。3D集積によってデータの移動距離を桁違いに短縮できれば、データ移動に費やされるエネルギー消費を大幅に削減できるでしょう(7)。

3D集積を行うパッケージ工程は、微細化を施すウエハー工程に比べて桁違いに小さな投資で済むので、3D集積は投資効果が高くなります。

一方、設計技術に関しては、無駄な回路を削ぎ落とした専用チップが汎用チップに比べて桁違いにエネルギーを節約できます。専用チップを開発する動きは、GAFAやテスラなどですでに始まっています。汎用チップの時代は資本競争の時代でしたが、専用チップの時代は知の競争の時代です。換言すれば設計開発のイノベーションが求められるのです。

専用チップの開発はますます難しくなっており、近年では、設計者を100人集めても、1年の期間と100億円の費用がかかります。これほど長い時間と大きな費用を要すると、専用チップへの関心が薄れ、設計人口も減少します。すでに日本はその関心と能力を失いつつあり、これでは、新工場を建造し製造能力を持つことができたとしても、直ちには産業力強化に生かせません。

ＡＩ技術は日進月歩で、ソフトウェアは毎月のようにアップデートされます。デジタル経済では、ハードウェアとソフトウェアを高度に融合させてイノベーションを創出し、高速サイクルで改良を繰り返すことがカギとなりますが、両者の開発速度がこれほど隔たるとそれは難しくなります。しかし、プログラムをコンパイルしてチップを自動設計できるシリコン・コンパイラーができれば、素早く（アジャイルに）ハードウェアを開発できるのです。

もちろん、自動設計された回路の性能は、設計者が時間をかけて最適化した回路に比べて80点の出来栄えでしょうが、それでよしとします。いわゆる80点主義です。『80対20の法則』を生かして、開発効率を5倍高めることに付加価値を見出します。

それに加えて、設計資産を再利用することで、設計規模の爆発的な増大を抑えることも必要です。チップレットがこれから重要になります。チップレットを組み合わせてパッケージのなかでシステムを完成させるのですから、この点でも３Ｄ集積はチョークポイントになるのです」

東大の動きは速かった。

まず、社会連携をキャンパスでオープンに行うセンター、ｄ.ｌａｂ《ディーラボ》を２０１９年の10月に開設した。d．ｌａｂの「d」には、デジタル技術で一人ひとりが輝く時代（digital inclusion）に、データ（data）を起点にソフトからデバイス（device）まで一貫して、領域特化型（domain specific）のシステムをデザイン（design）する研究を行う、という趣旨が込められた。さらに技術を若い世代に引き継ぐために、オフィスは学生寮（dormitory）につくられた。

次に11月には、ＴＳＭＣと半導体技術の共同研究を世界に先駆けて全学・全社レベルで行うことを発表した。共同記者会見には、ＴＳＭＣから会長のマーク・リューと研究責任者でスタンフォード大学教授のフィリップ・ウォンが駆けつけ、東大総長の五神真と当時副学長で現在総長の藤井輝夫と固く手を結んだ。

そして翌年の２０２０年8月には、産官学連携をしっかりとした情報管理のもとで行う技術研究組合ＲａａＳ《ラース》を設立した。ＲａａＳは、先端システム技術研究組合（Research Association for Advanced Systems）の略称であるが、Research as a Service を目指してラースと呼んだ。

現在、d．ｌａｂの協賛会員は49社になり、ＲａａＳの参画企業は累計12社である。

d．ｌａｂとＲａａＳの目標は、エネルギー効率10倍かつ開発効率10倍。

この目標はラピダスと同じだ。

そして、手段はラピダスと補完的である。

つまり、エネルギー効率の改善のために、ラピダスは微細化を追究し、東大は3D集積を追究する。そして、開発効率の改善のために、ラピダスは製造期間を短縮し、東大は設計期間を短縮するのである。

3 More People——世界の頭脳を惹きつけろ

技術に加えて、人材育成が喫緊の課題になる。技術は人なりである。

そのため、2022年の4月に半導体民主化拠点のAgile-X（アジャイルX）をスタートさせた。

アジャイルとは、「素早い」「機敏」という意味である。

専用チップの開発に要する期間と費用を1/10に短縮できる開発プラットフォームを構築し、世界の頭脳を惹きつける。その結果、専用チップを設計する人口が10倍に増えれば、半導体を民主化できる。これがアジャイルXの目標である。

民主化を目指す背景には、「集団脳」という考え方がある。より多くの人のアイデアが交錯するところでイノベーションが生まれる、という発想だ。

たとえば、南太平洋に浮かぶ島々で、漁業に用いる道具の種類と島民人口の間には強い相関が見られる。言い換えると、人口の多い島ほど多くの道具が使われているのだ。

同様に、ホモ・サピエンスがネアンデルタール人と比べて、脳の容積は小さかったにもかかわらずさまざまな道具を発明し利用してきた理由も、ホモ・サピエンスの方がより大きな集団を形成できたからだと説明されている。

より多くの人が自分のチップを開発できるようになれば、より多くのイノベーションが生まれるはずである。こうした思想のもとに、半導体の民主化運動が世界で静かに始まっている。

TSMC会長のマーク・リューは、2021年の国際会議ISSCC（国際固体素子回路会議）の基調講演を次の言葉で締めくくった。

「イノベーションはアイデアの自由な流れのなかで生まれる。アイデアは人々から生まれる。より多くの人が自分の半導体を手にすることで、イノベーションが民主化される」

1959年に物理学者のリチャード・ファインマンが講演で"There's plenty of room at the bottom"すなわち「ナノスケール領域にはまだたくさんの興味深いことがある」と語ったのをきっかけに、世界は微細デバイスを追究した。やがて、マイクロエレクトロニクスが誕生し、ナノエレクトロニクスが発展することになった。

微細化の限界が近づくなかで、さらなる微細化でムーアの法則を追究するMore Moore《モアムーア》の研究が現在も続いている。

最近は、微細化に代わる新しい価値を創ることを目指したMore than Moore《モアザンムーア》の研究も始まった。3D集積の研究は、投資効果が高いということもあって、世界の投資を集めている。

私は、ファインマンの言葉をかみしめながら、"There's plenty of room at the TOP"と語ろう。

集積度が1000億トランジスタを超えるチップの実現が近い。インテルCEOのパット・ゲルシンガーは、2030年までにはパッケージのなかに1兆個のトランジスタが集積されるだろうと予言した。

より多くの人が参加してイノベーションを創発できるように、More People《モアピープル》の研究が重要になる。

巨大企業しか専用チップを開発できないのは、産業システムが工業化社会の大量生産に最適化されているからである。

知価社会では、コストパフォーマンスよりもタイムパフォーマンスが重要になるだろう。タイム・イズ・マネーだから、タイムパフォーマンスはコストパフォーマンスを内包する。

迅速《アジャイル》の価値を誰よりも知っているのは研究者である。論文発表は一刻を争う。半導体が研究者に寄り添うことで、科学の発展に貢献することは重要だ。

半導体の民主化を推し進め、世界の頭脳を惹きつける。パイの奪い合いではなく、パイの拡大を目指す。

人材育成はアカデミアの役割である。人材こそが日本の資本であり日本の未来を拓く。

日本は、More Moore を世界から学び、More than Moore と More People で世界に貢献できるだろう。

そして、日本に高度なコンピューティングのインフラを構築する。従来のビットに加えて、量子ビットとニューロンをハイブリッドに組み合わせ、さらにソフトウェアとハードウェアを融合することで、高度な計算能力を備え、全国からアクセスできる通信網を整備する。これが、日本の総力を挙げて取り組むべきデジタル社会のインフラである。

4 半導体の森——共生と共進化

半導体は戦略物資である。技術覇権をめぐる壮大なゲームの勝者は誰か。地政学リスクは一段と高まり、世界の先行きは不透明さを増すばかりである。

覇権を奪取するのではなく、民主化を進め、半導体を世界の共通資産、人類共有財産《グローバルコモンズ》にして、多様なチップを生み出し、世界を繁栄に導くことはできないだろうか?

その答えのヒントは、地球の多様性に潜んでいるような気がする。

白亜紀（約1億4500万年前〜6600万年前）以前は、生物の種類は現在の1/10しかなかった。

ところが、花の誕生が地球を一変させた。⑧

花粉を与える代わりに花粉を昆虫に運んでもらう。それまでは一方的に食べられていた植物が、昆虫を利用する大転換が起こった。

花は昆虫を呼び寄せるために華やかな色を競い、昆虫は花の形の変化に合わせて飛翔能力を高めた。互いが互いを進化させる進化の応酬、共進化が繰り返されたのだ。

こうして森が豊かになり、花に集まる虫を食べる哺乳類が多様化し、花からできる果実で霊長類が進化した。

やがて、花は新しい能力を身につけた。世代交代のスピードアップである。受粉から受精までに要する時間を1年から数時間に縮めた。これがすべての生物の進化を加速したのだ。

$$y = a(1+r)^n$$

これは複利計算の式である。rが利率でnが運用回数。元本のaが小さくても長く運用すれば将来価値が大きくなる。

nを$1/t$で置き換えれば、デジタル経済の基本式になる。tは開発のサイクルタイムである。この式は、チップの性能向上にも会社の成長にも当てはまる。

言い換えると、高速サイクルで改良を何度も繰り返すことが、デジタル経済の成長戦略である。改善率（r）よりも改善回数（n）を大きくすること、つまり開発のサイクルタイム（t）を短くすることが肝要である。

だからアジャイルなのだ。

生き物たちは、厳しい生存競争を繰り広げる一方で、種を超えて複雑につながり合い、助け合って生きてきた。共生《きょうせい》と共進化《きょうしんか》。そのカギをアジャイルが握っていたと言える。

植物をチップに、昆虫をチップユーザーに、森をエコシステムに置き換えて読んでみてはどうだろうか。競争から共生と共進化に転じる半導体の「花」は何だろう？

◇◇◇◇◇◇◇◇

「平安の間」は宴もたけなわ。

司会のアバターがヴァイオリニストの葉加瀬太郎をステージに招き入れた。人々のスマホのなかで数千億個の半導体スイッチが数億回オン・オフした。[9]

「『アナザースカイ』を演奏します。飛行機にも半導体がたくさん使われています」

葉加瀬太郎はそう言って会場の笑いを誘った。

私は、「ラプソディ・イン・ブルー」を聞くと空の旅を思い出すのだが、このときばかりはこの2カ月の慌ただしい海外出張の日々を思い出していた。

9月19日：ベルギーのｉｍｅｃでプレジデントのルク・ファンデンホーブと協議
9月24日：ニューヨークのＩＢＭ研究所で所長のダリオ・ギルと協議
9月26日：オールバニのナノテク・コンプレックスでＩＢＭのムケシュ・カレらと意見・情報交換
9月28日：プリンストン大学で研究交流
10月5日：カリフォルニア大学バークレー校で研究交流
10月6日：ローレンス・バークレー国立研究所で研究交流
10月10日〜14日：日本政府のアメリカ使節団に加わり商務省（ＤＯＣ）などを訪問
10月31日：ＳＥＭＩの国際会議ＩＴＰＣで人材育成に関するパネル討論に参加
11月7日：ｉｍｅｃテクノロジーフォーラムでｄ．ｌａｂとｉｍｅｃの連携を発表
11月29日：つくばのＴＳＭＣジャパン3ＤＩＣ研究開発センターをｄ．ｌａｂ協賛会員と訪問

今宵「平安の間」に集う人々とこの2カ月の間に何度も会って意見を交わした。協調のた

めのネットワーク構築が急務だった。

隣に座っていた経産省の金指壽課長が、

「これからDOCと会議があるのでお先に失礼します」

と言って席を立った。

「おつかれさまです」

目の前で葉加瀬太郎が「情熱大陸」を奏でる。

いよいよ始まる——。

Ⅱ

捲土重来 Game Change

1　半導体戦略——先々の先を撃つ

ゲームチェンジ

２０２１年６月に経済産業省が半導体戦略を発表した。そのなかに「日本の凋落」と題する一枚の資料がある。１９８８年に50％あった日本企業の世界シェアが、その後坂道を転げ落ちるように一直線に下降して、今では10％しかないことが示されている。そこに国民の注目が集まった。

この30年間に世界の半導体は年率５％超の高度成長を続けたのに対して、日本はまったく成長できなかった。このままいくと「日本シェアはほぼ０％に⁉」なりかねない。一方で、世界市場は、今後さらにデジタル革命の追い風を受けて年率８％で急成長し、２０３０年には現在の2倍の１００兆円を突破する勢いである。

反転のシナリオはあるのか？

半導体戦略の要諦は、一言でいえば微細化技術への積極投資である。

ただし、定石だけでは失った30年を取り戻すのは難しい。競争の舞台の第2幕を予見して先行投資をすることも必要である。剣道でいう「先々の先を撃つ」である。[10]

現下の複雑な情勢を読み解くためには、そのうなりを生み出す3種類の変化を理解する必要があるだろう。

一つは産業の主役交代である。ロジック半導体は、インテルなどのチップメーカーが開発する汎用チップから、GAFAなどのチップユーザーが開発する専用チップに主戦場が移ろうとしている。

アメリカの有力ベンチャーキャピタル25社が2017年から3年間に投資した案件を見てみよう。なんとメモリへの投資の9倍もの投資が専用チップとAIチップに集中している。専用チップの時代の到来だ（図2－1）。

そもそも半導体ビジネスの王道は汎用チップを規格大量生産することであるが、専用チップを特注少量生産した時代も過去にはあった。1985年から2000年頃だ。汎用チップの間に散らばるロジックを一つの専用チップにまとめることで、製品の製造コストを削減できた。

ただ、専用チップは開発費がかかる。そこで、コンピュータを用いた自動設計技術がアメリカの大学から次々と生まれた。

図2-1　データ社会のエネルギー危機とムーアの法則の減速で専用チップの時代が到来する

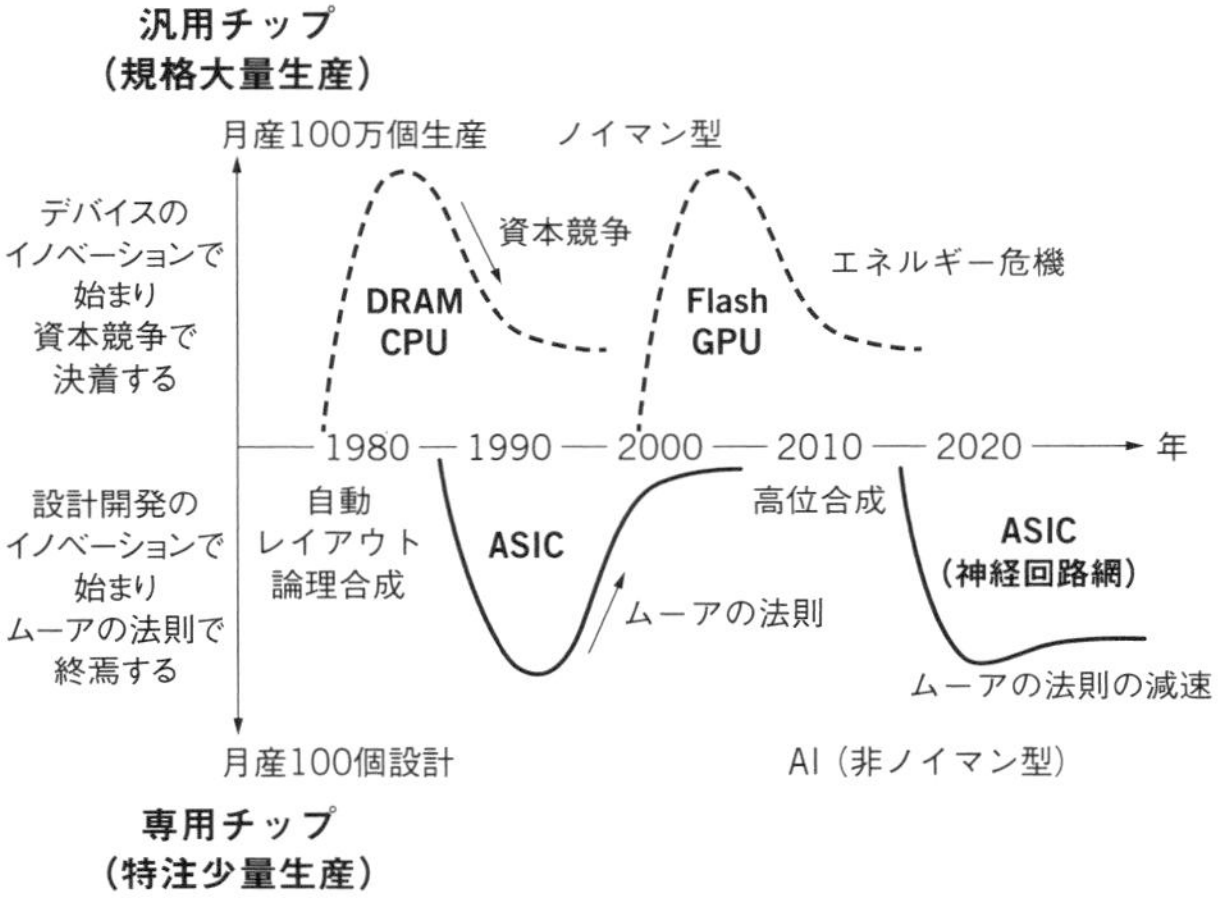

（注）ASIC：Application Specific Integrated Circuit
（出所）T. Kuroda, ISSCC 2010 Panel Discussion, "Semiconductor Industry in 2025"

しかし、15年経つとムーアの法則で集積度は3桁も増え、やがて設計は追い付かなくなった。かくして専用チップの時代は終焉した[11]。

今再びゲームチェンジが起きるその背景には、エネルギー危機がある。爆発的に増大するデータをAIで分析するためには膨大なエネルギーが必要になる。無駄な回路を削ぎ落とし汎用チップに比べて桁違いにエネルギーを節約できる専用チップが求められているのである。

AI処理を専用チップ（ハー

ドウェア）で加速し、多様な機能は汎用チップ（ソフトウェア）で処理する。つまり、両者の適正な按分がグリーン成長に欠かせないのだ。

パラダイムシフト

二つ目の変化は、市場の波である。

四半世紀ごとに大きな波が半導体市場に押し寄せてくる。今がそのときだ。

１９７０年から１９９５年にかけての家電、１９８５年から２０１０年にかけてのＰＣ、そして２０００年から２０２５年にかけてのスマートフォン。日本は最初の波を捉えたが、第二・第三の波に乗れなかった。第四の波に備えることが重要である。

家電は、アナログ技術による「フィジカル空間」の利便化である。一方、ＰＣはデジタル技術による「サイバー空間」の創出であり、スマートフォンは無線ネットワーク技術によるサイバー空間の持ち歩きだ。

今押し寄せる第四の波は、センサーとＡＩとモーターを用いてサイバー空間とフィジカル空間を高度に融合させ、経済発展と社会的課題の解決を目指す。つまり、「デジタルツイン」を利用した人間中心の社会「Society 5.0」の創出である。

たとえば、クルマやドローンなどの移動ロボットを含むロボティクスである。ロボティクスの知能レベルは、未来学者のハンス・モラベックによると、現在はネズミ程度だが、2030年にはサル並みに進化し、2040年にはヒトのレベルに到達する。知能型ロボットが移動・物流・サービスから医療・介護・エンタテインメントまでを一新する。まさにこれは「課題先進国」日本が世界をリードできる市場である。日本が得意とするフィジカル空間の擦り合わせにも力を発揮できる。

もちろん、第4の波はこれにとどまらない。発想力が試されると同時に、そのアイデアを直ちにチップに実装する迅速《アジャイル》な開発力が求められる。

そして三つ目の変化は、技術のパラダイムシフトである。

1950年代のコンピュータは、演算器間の結線を切り替えることでプログラムする「布線論理方式」であった。

この方式には欠点が二つある。処理できるプログラムの最大規模があらかじめ用意したハードウェアの規模で制約されてしまう「規模制約問題」と、システムが大規模になると接続数が膨大になる「大規模システムの接続問題」である。

図2-2 ノイマン型から神経回路網へ

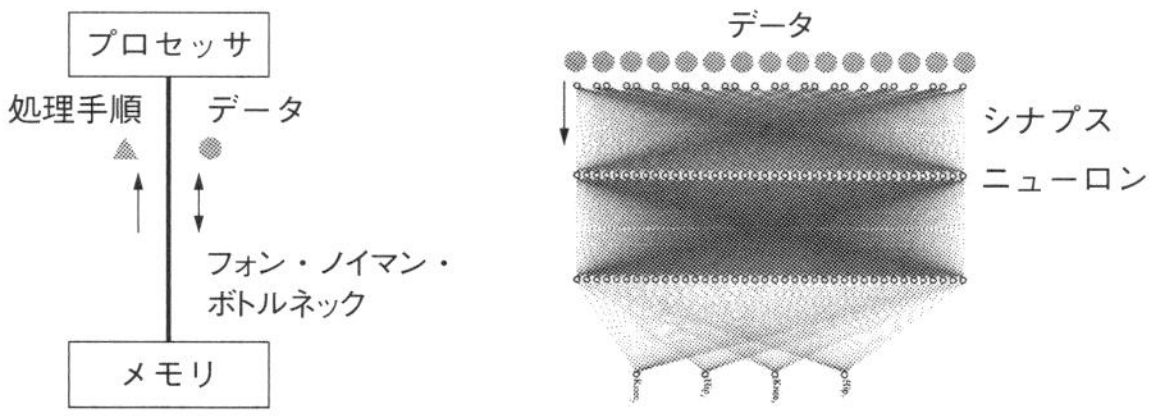

フォン・ノイマン・アーキテクチャ
逐次処理
プロセッサとメモリが主役

神経回路網
並列処理
配線接続が主役

（出所）筆者作成

そこで数学者のフォン・ノイマンは、処理対象のデータと、データの移動および演算を指示する命令をメモリに記憶しておき、プロセッサがこの命令を順に解釈して演算処理を行う「プログラム内蔵方式（フォン・ノイマン・アーキテクチャ）」を発明した。複数の演算器を用意してそれらを物理的に結線するのではなく、一つの演算器に毎サイクル違う命令を実行させることで規模制約問題の解消を狙った画期的な方式転換だった。

一方、「大規模システムの接続問題」をさまざまな角度から検討するなかで生まれたのが、電子技術者のジャック・キルビーによって１９５８年に発明された集積回路（ＩＣ）であった。フォトリソグラフィを用いて一枚のチップに素子を集積し一括配線することで、この問題が見事に解決された。

半世紀以上続いたこの二つの基本方式に、パラダイムシフトが今起きようとしている。

一つは、フォン・ノイマン・アーキテクチャから神経回路網（ニューラルネットワーク）へのシフトである（図2－2）。

プロセッサとメモリの間をデータが行き来してコツコツと逐次処理する代わりに、神経回路網ではデータがサラサラと流れて一気に並列処理する。その結果、エネルギー効率が大幅に改善する。

コンピュータがフォン・ノイマン・アーキテクチャのときはプロセッサとメモリが大量に売れたが、今後はＡＩ処理用の神経回路網を搭載した専用チップの市場が発展するだろう。主役がプロセッサとメモリから神経回路網の配線接続に移る。それはちょうど、脳幹、小脳から大脳へと生物が進化したのに似ている。

ヒトの脳では、生後50兆ほどしかなかったシナプスが小学校に入るころまでに20倍に増える。その後、学習を重ねるなかであまり使われることのなかったシナプスが刈り込まれて、最終的に無駄のない効率的な脳回路が完成する。すなわち、未完成で生まれ、遊びのなかで大きく育ち、学びによって効率を高めるのである。

神経回路網もこれと同様の過程を踏む。機械学習による刈り込みの方法が、現在盛んに研

図2-3　微細化から3D集積へ

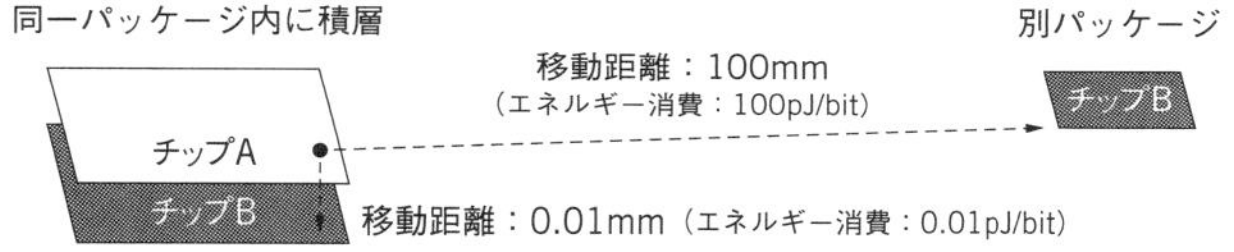

データの移動に要するエネルギーを3D集積により桁違いに低減できる

（出所）筆者作成

究されている。

もう一つのパラダイムシフトは、微細化から3D集積へのシフトである（図2－3）。

微細化がいよいよ限界に近づいている。3D集積は、データの移動に要するエネルギーを桁違いに削減できる。それはちょうど、国会図書館まで取りに行っていたデータが手を伸ばすと届く位置に置かれるようなものである。

こうしてわれわれは、1950年代の二つの根源的な問題に今再び挑むことになる。ムーアの法則がいよいよ終幕を迎えるなかで、従来技術の延長にはない破壊的技術《ディスラプティブテクノロジー》に実用化の機会が訪れる。

グリーン成長戦略

ここまでの考察からすでにお分かりのように、さまざまな変

図2-4　グリーディ成長からグリーン成長へ

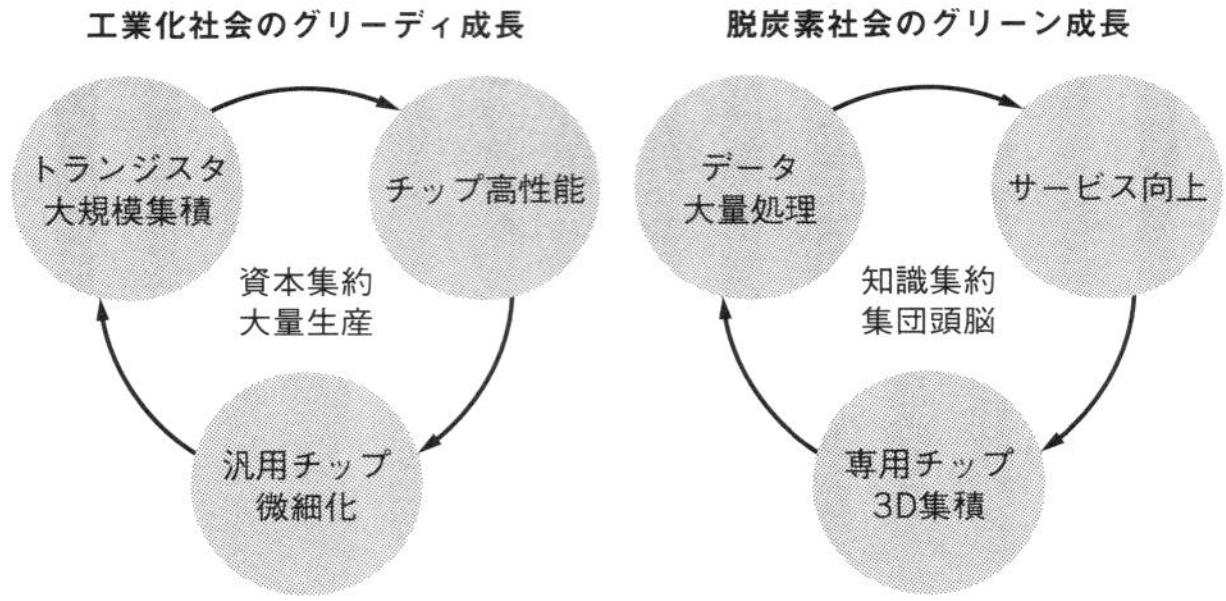

（出所）筆者作成

化の根源には、エネルギー問題がある。エネルギー効率を高めるために、汎用チップから専用チップに産業の主役が交代し、フォン・ノイマン・アーキテクチャから神経回路網にアーキテクチャが刷新され、微細化から３Ｄ集積に技術の体系が変わろうとしている。

同時に、社会は資本集約型の工業化社会から知識集約型の知価社会へと進化する。もはやトランジスタを大規模集積した安価なチップが価値を持つのではなく、大量のデータをエネルギー効率よく処理できる能力と、それを生かして創造する優れたサービスに価値が移るのだ。

ただし、今後は脱炭素《カーボンニュートラル》の規制が重くのしかかる。エネルギー消費を積極的に削減しなければならない。当然、これまでのグリーディ（貪欲）な成長戦略から、グリーンな成長戦略への大転換が必要だ（図2－4）。

グリーン成長戦略の「3本の矢」は、3D集積のチョークポイント技術の創出と、専用チップをアジャイルに開発できるプラットフォームの構築、そして国内に根を下ろして群生する産業エコシステムの保全である。

エネルギー効率の改善なくして成長なく、開発効率の改善なくして専用チップなし。すなわちこれからは、タイムパフォーマンスの追究が最優先課題である。もちろんタイム・イズ・マネーであるから、これは従来のコストパフォーマンスを内包する。

イギリス元首相のウィンストン・チャーチルは、国難にあたって次のように述べた。

「目前にせまった困難や大問題にまともにぶつかること。そうすればその困難や問題は、思っていたよりずっと小さいことが分かる。しかし、そこで逃げると、困難は2倍の大きさになってあとで襲ってくる」

インテルを創業したロバート・ノイスはこう語っている。

「イノベーションを起こすためには楽天的でなければならない。危険を恐れず変化を求め、安住の地を出て冒険の旅に出るのだ(12)」

日本シェアの反転は、覚悟と楽観を携えて、今日から始まる。

2 汎用チップから専用チップへ——半導体産業のゲームチェンジ

汎用チップの時代と専用チップの時代

汎用品は、規格大量生産によって低価格にできるので広く普及する。一方、専用品は、価格は高いが、優れた性能や品質・信頼性を提供できる。

半導体ビジネスは、汎用チップが主役である。年間50兆円の市場で2兆個のチップが生産されており、平均単価はわずか25円となる。

1兆円を投じて建設した最新鋭の工場から出荷される最先端のチップでも数百円で売られている。薄利多売のビジネスである。

汎用チップが大量に売れる主な理由は、**コンピュータがフォン・ノイマン・アーキテクチャを採用しているからだ**。

処理手順とデータをメモリから読み出して、プロセッサがその手順に従って処理をしたデータをメモリに戻す。これを逐次繰り返せばどれだけ複雑な処理も実行できるし、処理手順すなわちプログラムを変えればどのような処理も実行できる。

つまり、コンピュータ発展のシナリオは、プロセッサとメモリを大量生産してハードウェアを普及させ、ソフトウェアでさまざまな用途に利用することであり、半導体ビジネスの王道は、プロセッサとメモリを安く大量に供給することになる[13]。

ビッグデータの利活用が始まれば、センサーがこれに加わるだろう。

このビジネスの戦い方は資本競争である。ＤＲＡＭやフラッシュメモリ、あるいはＣＰＵやＧＰＵといったチップが発明され、それが大きなビジネスになると認識されるや巨大な資本が投入され、たちまち過当競争が起こり、業界再編の末に寡占化される。

日本は、デバイスのイノベーションでは勝ったが、資本競争で敗れた[14]。

一方で、専用チップが成功した時代もあった。１９８５年から２０００年にかけて、ＡＳＩＣ《エーシック》（特定用途向け集積回路）が大きな市場をつくった。

プロセッサやメモリを相互に接続するための論理回路は、システムごとに異なる。当初は標準ロジックチップを組み合わせて実現していたが、それらをＡＳＩＣに集積することでシステムのコストや面積を削減できた。

さらにコンピュータを用いた設計技術（ＣＡＤ《キャド》）を駆使して開発の費用と時間を大幅に削減できたことが、ＡＳＩＣで採算がとれた大きな要因である。複雑なチップだと１００人以上の設計者で1年以上の時間を要するが、ＣＡＤを使って１人の設計者が１カ月で設計できるようにしたのである。

１９８０年代に、レイアウトや論理を自動生成する技術がカリフォルニア大学バークレー校を中心に研究開発され、ツールベンダーも誕生した。加えて、セミオーダーで洋服を仕立てるように、半完成品のチップを製造しておき最後に配線をカスタマイズするセミカスタム製造方式も開発された。

こうした設計開発のイノベーションによって、開発効率は一気に3桁高くなった。しかし、15年後にはムーアの法則によって集積度が3桁増えてしまい、コンピュータを駆使してもかつて以上に人員や時間がかかるようになった。その結果、ＡＳＩＣビジネスは採算がとれなくなり、終焉した。

このように、汎用の時代は、デバイスのイノベーションで幕が開き、資本競争の末に幕が下りる。(15) 一方、専用の時代は、設計開発のイノベーションで幕が開き、ムーアの法則で幕が下りる。

ゲームチェンジ――GAFAが専用チップの自社開発に乗り出した

ここにきて、ゲームチェンジが起きている。インテルやクアルコムといった半導体専業メーカーから汎用チップを調達していたのでは競争に勝てない。そう感じたGAFAなどの巨大IT企業が、専用チップの自社開発に乗り出した。

その背景には、三つの理由がある。

第一の理由は、**データ社会特有の「エネルギー危機」**である。データが急増し、AI処理が高度化して、エネルギー危機に拍車がかかっている。

現在の技術で省エネルギー対策がまったくなされないと仮定すると、2030年には現在の総電力の倍近い電力をIT関連機器だけで消費し、2050年にはそれが約200倍になると予想されている。

デジタルトランスフォーメーションに莫大なエネルギーを費やして地球環境を破壊することになるのなら、持続可能な未来は望めない。

チップの消費電力はかつて0・1ワット程度であった。理想的なスケーリング（微細化）シナリオに従えば、電力密度を一定に保ったまま性能コスト比を改善できたはずである。

しかし実際には、それ以上に性能改善を優先させた結果、電力は15年間で1000倍増え、2000年には100ワットに達した。チップの電力密度は調理用ホットプレートの30倍を超えており、クラウドサーバーの冷却に莫大な電力が消費されている。

冷却の限界を超えると、集積はできても同時には使えないトランジスタが増える。7nm（ナノメートル）世代では全体の3／4が、5nm世代では同4／5のトランジスタが同時には使えない。こうした制約下では、エネルギー効率を10倍高めた人だけが、コンピュータを10倍高性能にでき、スマートフォンを10倍長く使えることになる。[16]

あらゆるタスクをこなせる汎用チップに比べて、無駄な回路を削ぎ落とした専用チップは、エネルギー効率を10倍以上高くできる。

専用チップの自社開発に乗り出す第二の理由は、AIの出現である。神経回路網と深層学習は、データを持つ者に情報処理の新しい方法を授けた。

神経回路網は、私たちの脳と同じく配線接続が機能を与える布線論理である。逐次処理をするフォン・ノイマン・アーキテクチャに比べて、並列処理によって電力効率を10倍以上高くできる。

第三の理由は、分業化が進んだ産業構造である。TSMCなどのファウンドリが世界の工場となり、ユーザー自らがAIの性能を最大限引き出せるよう、ビジネスモデルに合った半導体チップを自社で開発できるようになった。

大量のチップを使うＩＴプラットフォーマーなら、そうした方が半導体ベンダーから調達するよりも素早くかつ安く、より高性能なチップを調達できるのである。

知識集約型社会での製造業を考える

かつてアラン・ケイが「ソフトウェアを本気で考える人たちは、自分でハードウェアをつくることになる」と言った。システム開発には、ハードとソフトの両方が必要である。

多用な制御が要求される論理的で計算的な情報処理には、フォン・ノイマン・アーキテクチャの汎用チップを用い、高度なＡＩが要求される直観的で空間的な情報処理には、電力効率の高い専用チップを用いる。こうした新しいアーキテクチャの探究が始まっている。

もちろん汎用チップと専用チップには、低価格と高性能のトレードオフがいつもある。たとえば情報通信においては、比較的数量が出ないインフラ側では、仮想化技術を活用することで、できるだけ汎用ハードで機能を実現しようとする。一方、比較的数量が出るエッジ側では、専用チップで性能を高めてデータの地産地消を推し進めようとする。

専用チップに求められるのは資本力ではなく学術だ。かつてカリフォルニア大学バークレー校がレイアウトや論理の自動生成技術を創出したように、機能やシステムを自動生成する学術の創出が求められている。大学が担う役割は大きくなっているのだ。[17]

20世紀は「汎用」の時代だった。戦後、物量崇拝と経済効率礼賛のもと、規格大量生産が経済成長を牽引した。

やがて社会が成熟すると、全体の成長から個人の充実に価値がシフトした。その結果、工業社会は終わり、知価社会が始まった。

この変化が先進国から発展途上国に広がる過程において、日本は規格大量生産を続けたことで一時的に繁栄したが、やがてアジア諸国の後塵を拝することになった。

今世紀は「専用」の時代になるだろう。資本集約から知識集約へ、規模から知恵へ、量的拡大から質的発展へ、物質から精神へ、便利から楽しいへ、製品からサービスへ、大量から多様へ、画一から個性へ、誰でもできるから他の人にはできないへ、価値は移りゆく。

そのとき製造業はどうなっているのだろう？　その答えを探すのがわれわれの使命である。

3 産業のコメから社会のニューロンへ
──ポストコロナ時代の半導体

膨大なエネルギーを消費するリモート社会

アメリカで暮らす友人が、森のなかに家を建ててリモートワークをしている。ＥＤＡ（電子設計自動化）ツールの開発が仕事なので、コンピュータとインターネットがあればどこでも仕事ができるのだろう、そう思っていた。ところが……。

新型コロナウイルス感染拡大はリモート社会の扉を開いた。オンライン会議は思ったよりも使えることが分かり、３人以上で話し合うのに便利だ。

３０００人が集まる国際会議もオンラインになった。

図らずも２００５年に私は、京都で開催された国際会議ＶＬＳＩシンポジウムの晩餐《ばんさん》会でプログラム委員長として次のような挨拶をしていた。

「皆さん、想像してみてください。将来、私たちはインターネットで国際会議を開くことになるかもしれません」

「研究発表もパネルディスカッションも廊下での立ち話もオンラインです。皆さんはご自宅から参加できます」

「バンケットも？……」

「ピザを宅配で取り寄せ、ビールを冷蔵庫から出して……それはちょっと味気ないですね」

「今宵は京都の料理とお酒を堪能し、旧友との心交わる会話をお楽しみください」

「乾杯！」

今、国際会議の主催者は、まさにパンドラの箱が開いたと心配顔だ。オンライン飲み会まで登場したのだから。

デジタルトランスフォーメーションやデータ駆動型サービスを支えるのは、ビッグデータの急増とＡＩ処理の高度化である。そしてこのことが、社会のエネルギー消費を爆発的に増大させる。

前述のように、２０３０年には、現在の総電力の2倍近い電力がＩＴ関連機器だけで消費されるだろうと予測されている。さらに２０５０年には、総電力消費量は現在の約２００倍になるだろうとの予測もある。

その理由の一つは通信データの急増だ。IPトラフィックが、2016年には年間4・7ZB《ゼタバイト》だったが、2030年には4倍の17ZBに増え、2050年には4000倍の2万200ZBに増えるという。ZBとは、10の21乗バイトのことである。2050年には、4GB《ギガバイト》のDRAMチップが実に5000兆チップも必要になる。

情報の地産地消がエネルギー効率の観点からは重要だが、一方で巨大IT企業による情報の集積と独占は進む。

それに加えてAI処理が高度になる。データに隠された意味を理解し、それをサービスに転化して社会に役立てるために、膨大な計算が必要となる。

実際、深層学習《ディープラーニング》の登場以来、AI処理の計算量は10年間で4桁増えた。一方で、それを処理する汎用プロセッサの電力効率は1桁しか改善していない。

つまり、通信機器やコンピュータのエネルギー効率を桁違いに改善しないと、社会の持続可能な成長は望めない。

消費エネルギーの急増の原因は半導体にある。そしてその解決のカギも半導体が握るのだ。

産業のコメから社会のニューロンへ

２０１９年には世界で１・９兆個の半導体チップが生産された。

市場の内訳は、製造業が15%、ヘルスケアが15%、保険が11%、銀行・証券が10%、卸売・小売が８%、コンピュータが８%、政府が７%、交通が６%、公共事業が５%、不動産・業務サービスが４%、農業が４%、通信が３%、その他が４%となる。

実に社会の隅々まで半導体が使われている。一方で、驚いた方もいらっしゃると思うが、通信の市場はまだ小さい。

ところが、先ほども述べたとおり、近い将来、通信量は爆発的に増大する。次世代半導体の需要を牽引するのは、次世代通信「ポスト５Ｇ」である。

ポスト５Ｇでは高い周波数が使われる。周波数が高くなるほど、電波は直進性が強くなり、かつ遠くまで届かない。したがって、より多くの基地局が必要になる。

それに加えて、低遅延で高度なサービスが期待される。つまり高性能なデータ処理が基地局に求められる。

ポスト５Ｇが次世代半導体の需要を牽引すると思われる理由は、こうした状況が予想されるからだ。

今後は、モノのインターネット（ＩｏＴ）、遠隔医療などのデジタル医療・ヘルスケア、それにモビリティを加えたサービスが半導体の大きな市場を形成するだろう。これらは社会の神経系と言える。

いわば、**半導体は産業のコメから社会のニューロンへと発展すると言える。半導体はまさに人類共有財産《グローバルコモンズ》なのである。**

工業社会における部品から知価社会を支える戦略物資に成長することで、半導体の価値の指標は、コストから性能、とりわけ電力性能になる。加えて、インフラに使われるので、タイム・トゥ・マーケットと信頼性も重要になる。

社会のエネルギー問題を解決するには、半導体のエネルギー効率を高めるしかない。専用チップを使うことで、汎用チップに比べて2桁程度電力効率を高めることができる(18)。なぜなら、ユーザーと利用シーンが明快な専用チップには、顔の見えないユーザーのさまざまな要求に応えるための汎用性や継続性に起因する無駄がないからである。

しかし専用チップは開発コストが高く、誰でもつくれるわけではない。そのために、専用チップを開発する国内の機運が下がり、空洞化が始まっている。

だからこそ専用チップの開発コストを1/10にして、システムのアイデアを持つ人が誰でも専用チップを設計できるようにし、さらに最先端の半導体技術を用いてエネルギー消費を1/10に減らすことが、データ駆動型社会の実現に必須なのである。

半導体が産業のコメから社会のニューロンへと進化するために、産業構造を前世紀の資本集約型から今世紀は知識集約型へと変革しなければならない。

デジタル文明をつくるには

『サピエンス全史』(河出書房新社)を著したユヴァル・ノア・ハラリは、テクノロジーが生身のスパイ代わりとなり、「皮膚の下の情報」も筒抜けになったと警鐘を鳴らす。

新型コロナウイルス感染拡大防止対策のなかで、監視社会が形成されつつある。テクノロジーが社会に与える影響がきわめて大きくなった。私たちの文明はどうなるのか? まさに瀬戸際にいるとの意見も聞かれる。

知恵があれば、テクノロジーがそれを実装できる。つまり、セキュリティやプライバシーを脅かすのも半導体であれば、これを解決するのも半導体である。

しかし、高度なセキュリティやプライバシーの保護は、当然、半導体のエネルギー消費を

図2-5　チップの電力効率を20年間に3桁改善した、
2030年には脳の電力効率に迫る

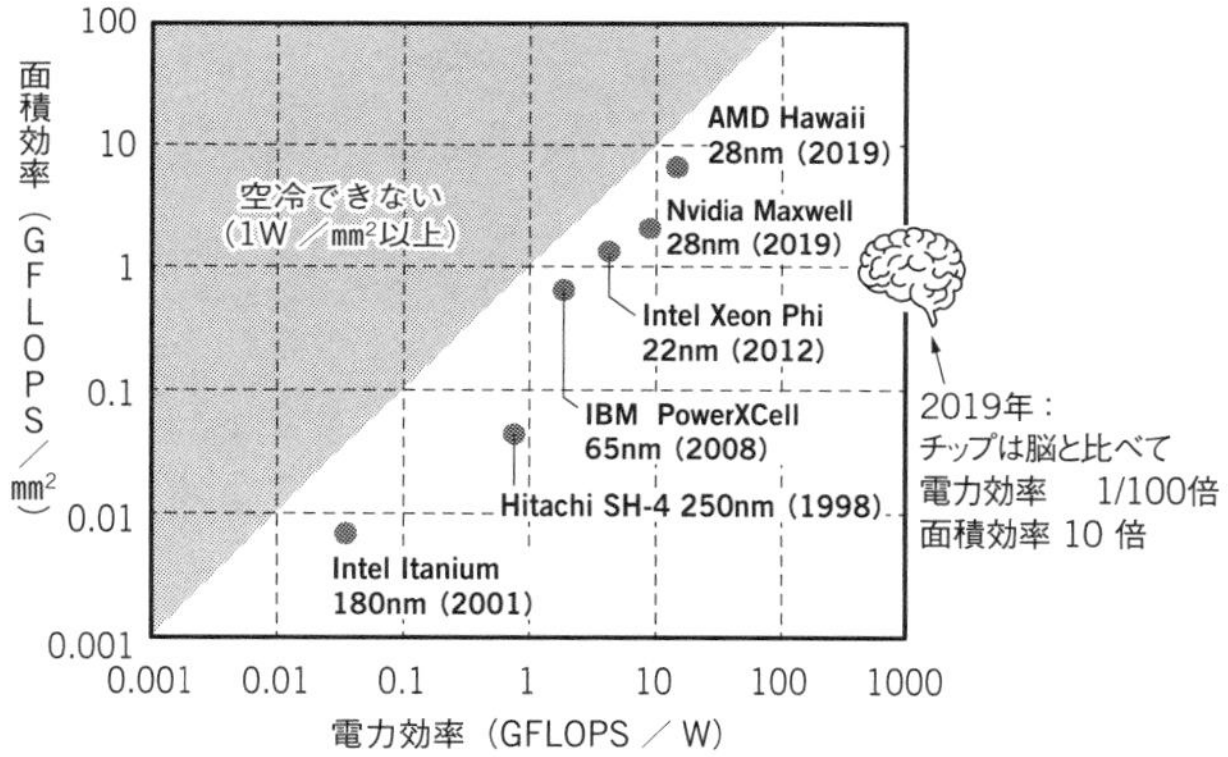

（出所）筆者作成

増やす。つまり結局は、半導体のエネルギー問題に帰着する。

そしてその先には、「心」の問題がある。

デジタルは論理を扱うことに長けているが、感性はアナログだ。デジタルで人を幸せにすることの追究がこれから始まるだろう。

五感とデジタルを相互変換するセンサーとアクチュエータ、感覚をフィードバックする制御技術、価値を交換する工学、テクノロジーが社会を危険にしない法体系、こうした議論なくして、「脳をインターネットにつなげる」ことを推し進めるわけにはいかない。

太古の昔、脳は社会をつくり、心を生み出した。人は自分の意図を知りそれを伝える言語と、論理的思考で認知能力を拡張する数学を獲得した。数学は、やがて主観的な直感を超越した抽象的な記号体系に昇華し、ついに脳からあふれだしてコンピュータが誕生した。コンピュータはチップを生み、チップはスケーリングによって指数関数的に成長し、コンピュータをダウンサイジングした。そしてついに極小になったコンピュータが、再び私たちの身体のなかに戻ろうとしている（図2－5）。

4　ダムから半導体へ——デジタル社会のインフラ

八田ダムとTSMC

今から100年前。台湾に烏山頭《うさんとう》ダムが建設された。アメリカのフーバーダムが完成するまでは、このダムが世界最大のダムであった。建設を監督したのは、日本の土木技術者の八田与一。彼の功績を称えて八田ダムの名でも知られている。

八田は、1910年に東京帝国大学工学部土木科を卒業して、台湾総督府土木課の技師に就任した。そして、台湾南部に広がる不毛の大地、嘉南《かなん》平原を調査した。この地は灌漑《かんがい》設備が不十分なために、農民は常に日照りや豪雨、さらには排水不良に悩まされてきた。

八田は、利水事業を行うことでこの荒野を穀倉地帯に変える提案をし、これが国会で承認された。受益者が組合を結成して事業を施行し、費用の半額が国費で賄われた。八田は、国家公務員の身分を自ら捨て、この組合付の技師となってダム建設を陣頭指揮した。

総工費5400万円。当時としては、日本史上、空前の大工事であった。烏山嶺を3078mもくり貫いて本流の曽文渓《そぶんけい》からダムに水を引く工事では、多くの犠牲者を出した。八田はこの大工事が終わるまで、工事現場に建てた30坪余りの粗末な日本家屋で妻と8人の子と暮らした。

10年の歳月の末に、八田ダムが完成した。さらに、嘉南平原一帯に1万6000kmにわたって水路が細かく張りめぐらされた。これは、いわば水の万里の長城である。万里の長城の長さは2700kmしかないから、水路の長さはそれをはるかに凌ぐ。

この水路から水が流れ出たとき、地元の農

台湾の八田与一像

(写真提供　読売新聞／アフロ)

民60万人は、

「神の水が来た」

と喜び、感激のあまり涙を流した。嘉南平原はその後、大いに潤ったという。


嘉南には今も八田の銅像が残っており、戦中も地域の人々によって大切に保全されてきた。嘉南の農民がこの銅像の前を通るとき、誰とはなしに手を合わせて拝む姿が見られるようになった。八田の命日の5月8日には、嘉南の人々が与一と妻の墓を参り墓前祭を営む。八田は台湾を愛した日本人であり、嘉南大圳《たいしゅう》の父として台湾から愛される日本人となった。

八田のダム建設から100年が経った今、日本と台湾の協力による歴史的な大事業が再び始まった。


今回、ダムは半導体に代わる。

土砂は高純度のシリコンに代わる[19]。

水はデータに代わり、利水はデータ利用に代わる。

社会は、農耕社会・Society2.0 から人間中心の社会・Society5.0 へと進化し、水の万里の

長城はデータの万里の長城に代わる。

小さなチップのなかには無数の配線が集積されていて、そこをデータが移動する。この配線をチップから引き出してすべてつなぎ合わせると10㎞の長さにもなる。

チップが1000個ほど並んだウエハーを、TSMCの工場は毎月数百万枚も製造する。仮にこれらのすべてのチップの配線をつなぎ合わせたなら、全長が10億㎞にも及び、地球を2万5000周もデータが回ることになる。

熊本県菊陽町——。20ヘクタールを超える広大な敷地に多くの建設クレーンが立ち並ぶ。TSMCの熊本工場の建設である。新工場では1700人が働くことになる。そのうち、300人をTSMC、200人をソニーグループからの出向で賄い、残りを新規採用する予定だ。地元では人材の争奪戦が始まり、技術者の給与水準も押し上げられた。

この工場では、28㎚と22㎚のロジック半導体が製造される。日本で最も必要とされ生産量の多いボリュームゾーンの半導体である。将来は、より微細な世代に需要が移るのに合わせて、16㎚と12㎚のFinFETが製造される予定である。日本は、28㎚以降は半導体投資を続けられなかった。まさに「神のデータが来た」と喜ぶことになろう。

さらにTSMCは、茨城県つくば市に3DIC研究開発センターを開所した。チップを3

次元に実装してデータの移動距離を縮める。そのためには、日本の材料の力が必要になる。私たちは、新しい素材を発掘し、３ＤＩＣ研究開発センターと連携して、日本の素材を生かす道を探る。

デジタル社会のインフラ

インフラと言えば、道路、港湾、鉄道、空港の交通インフラと上下水道の都市インフラ、そして発電・送電のエネルギーインフラがある。これらは20世紀のインフラである。21世紀のインフラは、半導体とそれを用いた高度なコンピューティングおよび通信網になるだろう。

日本は、戦後復興において、資本集約型の工業社会・工業立国として成功を収めた。やがて、大量生産・大量消費の成長の限界が意識されるようになり、今後目指すべき社会は、工業社会や情報社会を乗り越えた人間中心の社会であるべきだと考えるようになった。それは知識集約型で、データを活用しながら知恵を出し合う社会である。すなわち、資本集約型の工業社会から知識集約型の知価社会への転換である。

社会が資本集約型から知識集約型にパラダイムシフトすると、産業構造も変わる。資本集約型社会では、モノが価値を生んだ。材料が資源で、それを組み合わせて部品をつくり、部品を集めて製品にした。半導体チップは部品であり、製品に付属したサービスやデザインなどの知や情報がユーザーを満足させ、価値を生み出したのである。

ところが知識集約型社会に変わると、価値づくりの主客が逆転する。

価値はモノから知や情報に移る。資源は材料からデータに代わる。ＩｏＴでデータを集めてＡＩで分析し、それをサービス・ソリューションに仕立ててユーザーに届ける。それを運ぶ半導体は、端末の電池が長持ちするとか処理が速いといったことで、ユーザーを満足させ価値を生み出すだろう。

したがって、材料を運ぶ道路、港湾、鉄道、空港に代わり、データを運ぶＩｏＴや５Ｇ、ＡＩがデジタル社会のインフラになる。

半導体が部品事業のころにはコストが最優先であった。規格化された同じような部品であれば、少しでも安い方がよい。しかし、微細化が難しくなるにつれて、パフォーマンスでも競争するようになった。**最近よく使われる指標は、ＰＰＡＣ（パワー・パフォーマンス・エリア・コスト）である。言い換えれば、コストパフォーマンスである。**

デジタル社会のインフラを支える半導体には、タイムパフォーマンスが求められるようになるだろう。インフラ市場は買い替え需要が小さく、先に市場投入された製品が長期間使われるからである。タイム・トゥ・マーケットが加わったPPACTが指標になる。

日本の20世紀のインフラは優れていた。道はどこまでも舗装され、交通機関は時間どおりに運行された。21世紀の優れたインフラは、国内のどこからでも高速無線網につないで高度なコンピューティング資源を利用できることになるだろう。

1929年に起こった大恐慌を乗り切るため、アメリカはニューディール政策で多目的ダムの建設などの公共事業を行い、インフラを整備した。半導体は、デジタル社会のインフラを支える基盤技術である。今私たちの社会にも、いわばデジタルニューディール政策が求められているのではないか。

広井勇の教え

話を再び100年前に戻す。

当時、東京帝国大学で土木工学を教えていた広井勇《いさみ》は、「なんのために工学はあるか」について、次のように語っている。

「もし工学が唯に人生を繁雑にするのみならば何の意味もない。これによって数日を要するところを数時間の距離に短縮し、一日の労役を一時間にとどめ、それによって得られた時間で、静かに人生を思惟し、反省し、神に帰る余裕を与えることにならなければ、われらの工学には全く意味を見出すことはできない」（高橋裕『現代日本土木史』彰国社より）

八田与一も広井勇の薫陶を受けたに違いない。

今再び、八田の精神や広井の教えに思いを馳せざるを得ない。

日本と台湾の民族と国境を超えた歴史的事業が熊本とつくばで始まる。私は大きな期待で胸が膨らみ、畏怖の念で全身が震え、そして体の底から勇気があふれだす思いである。

広井勇像

（写真提供　イメージマート）

【コラム】ラピダスの戦略

TSMCのラインアップを見ると何でも揃っている。

ロジックは、最先端の3nm（ナノメートル）プロセスに始まり、従来のプロセスである5nm、7nm、10nm、16nm、20nm、22nm、28nm、40nm、65nm、90nm、0・13μm（マイクロメートル）、0・18μm、0・25μm、0・35μm、0・5μmまで、実に16世代にわたり、1980年代以降のすべてのプロセス技術を提供している。

種類も豊富だ。ロジックに加えて、アナログ、高周波無線、混載DRAM、混載不揮発性メモリ、イメージセンサー、高耐圧素子、電力素子、MEMS（微小電気機械システム）を揃えている。それぞれに対して複数世代のプロセス技術を提供する。

合計80種類のラインアップを誇る。

加えて、生産量は巨大である。ウエハー製造能力は、年間1200万枚（300mm換算）。ファウンドリの世界生産量の60%を占める。メモリなど全種類の半導体を合わせても、実にその13%がTSMCで生産されている。TSMCは強い需要を受けて、今後数年間で生産能力を大幅に増強する計画を発表した。本文でもふれた熊本県に建設される新工場は、年間54万枚のウエハー生産を目指す。

一方、新会社ラピダスの戦略は、それとは対照的である。

最先端品だけを短時間で少量生産する。2nmプロセスから提供を始め、常に最先端の3世代のプロセス技術しか用いない。

この戦略に対して異論が噴出する。

「なぜ、いきなり2nmなのか?」「無謀である。20年間も休眠していたのだから、ステップを踏むべきだろう」

さらに、「最先端で儲かるのか?」「ユーザーがいるのか?」という疑問が続く。

私はラピダスの戦略は正しいと思う。

まず、最先端は儲かる。

実際、TSMCの稼ぎ頭は最先端技術である。5nmと7nmと10nmを合わせた売り上げが、全売り上げの過半数を占める。

ラピダスの小池淳義社長自らも「これまでの常識からは外れるのだが」と前置きをしたうえでこのデータを示すように、これは一見常識外れだ。

これまで半導体は激しい価格競争にさらされてきた。最先端の高価な製造装置の費用をすべて価格に転嫁すると、並みいる競争相手に負けてしまう。だから、競争相手と我慢比べをして、最先端であろうが低価格で戦い、新工場に導入された装置群の減価償却が済んでから、ようやく利益が生まれると考えられてきた。

半導体メーカーでは、3年から5年かけて減価償却するのが一般的である。したがって、最先端技術では利益が出ないが1～2世代遅れて利益が出始める、というのがこれまでの理解であった。

だが、競争条件が変わってきた。最先端市場のプレーヤーが年々減少しているのである。

たとえば、現時点で3nmを量産できるのはTSMCだけである。5nmになればサムスン電子とインテルも量産できる。7nmになるとメーカーの数は7社になり、22nmになると9社になる。つまり、最先端は事実上の寡占市場である。

そして最先端の需要は常にある。

それはメモリで何度も経験してきた。「そんなに大容量のメモリを誰が使い切れるのか？」。いつも同じ疑問が出るが、次世代メモリを見込んで計画を立てる人が必ず現れる。

データ駆動型社会への期待が高まるなかで、データセンター用のサーバーの需要も高まる。そして、DRAM大競争時代の到来が予想される。DRAMの生産量が２０２５年に１７００億チップ（2ギガビット換算）に達し２０２０年の２・５倍に急増すると、市場は予測する。

メモリとデジタルは、フォン・ノイマン・アーキテクチャが産み落とした双子である。メモリの市場が伸びるなら、デジタルの市場も伸びる。

要するに最先端の需要が拡大しているのだ。以前のように2年待っても、性能が30％高い次世代チップはもう手に入らないかもしれないと思えば、需要に拍車もかかる。

このように、需要が拡大し供給は不足する条件下では、値付けが自由にできるのではないか？ ＴＳＭＣの売り上げの過半数を最先端半導体が占めるということは、それを暗示している。

競争相手とのせめぎあいもなく十分に価格転嫁できたなら、先行者利益を得ることができる。

次に、技術の観点から考察する。たとえば、「一気に2㎚に挑戦するのではなく、5㎚から始めて3㎚で腕を磨き、2㎚に挑戦するのが順当ではないか？」という批判を耳にする。

その場合、二つのリスクが考えられる。まず、5㎚の市場には、ＴＳＭＣとサムスンとインテルがすでに減価償却を終えて待ち構えている。彼らがラピダスの参入を阻止するのは、その気になれば容易であろう。

さらに5㎚と3㎚でＦｉｎＦＥＴの技術を磨いても、2㎚からはＧＡＡにトランジスタが大改造される。技術の蓄積をどれだけ生かせるかは分からない。

そうであるなら、新たなゲームが始まる2㎚から返り咲き、メガファウンドリと戦うのではなく、彼らが拾い切れなかった少量生

産を引き受けるという戦略は、市場からも受け入れられるのではないか。

イノベーションは少量生産から始まる。イノベーションにとって重要なのは、市場への早期投入である。だからrapid《ラピド》（迅速）が価値を生む。これがラピダスの戦略である。

メガファウンドリと戦わず、助け合う。彼らのように何でも揃えたりはせず、高級品だけを扱う。また、大量生産をせずに、短時間生産をする。やがて、そのなかから大量生産につながる製品が生まれる。このように、相補的に社会に貢献して、メガファウンドリと共生する。そして、何よりも重要な点は、それを期待するユーザーがいることである。

半導体の微細化競争をマラソンにたとえるならば、レースも終盤に差しかかり、先頭集団から徐々に脱落者が出たころに、トップを走るランナーがスパートをかけた。もはや、空気抵抗の軽減やライバル選手の動向把握などといって集団のなかで窮屈なせめぎあいをしている場合ではない。もしこのときに、神様が力を与えてくれるなら、先頭の背中だけを見て全力で走るしかなかろう。一発大逆転を目指して。

ジョン・メイナード・ケインズの名言を思い出す。

「この世で最も難しいのは、新しい考えを受容することではなく、古い考え方から脱却することだ」（『雇用・利子および貨幣の一般理論』各種訳を参考に黒田訳出）

Ⅲ

構造改革 More Moore

1　脳とコンピュータと集積回路の短い歴史
――そして一つの未来

脳とコンピュータと集積回路の誕生

138億年前、巨大なエネルギーの塊が突如として出現した。ビッグバンである。エネルギーと物質が相互作用して（$E=mc^2$）、宇宙は急速に拡大した。最初のわずかな揺らぎが銀河系をつくり、46億年前に地球が誕生した。

物理法則に従って物質が変化するなかで、自分の構造を情報としてＤＮＡに保存し自己複製する生命が出現したのが40億年前である。

生命は、突然変異と適者生存を戦術に使い、不確かな環境を生き抜いて、単細胞から多細胞、植物、動物へと進化し、多様化した。

動物は、外界から情報を獲得し行動を決定するための中枢神経系である脳をやがて獲得する。そして哺乳類は、７００万年前に人類に分化し、脳を進化させた。

生存のためには助け合いが必要だ。脳は社会をつくり、心を生み出した。人は自分の意図を知り、それを伝える言語と論理的思考力を獲得したのである。

数学が誕生したのは３０００年前のことだ。

数学は人の認知能力を拡張した。四大文明期には計算機やピタゴラスの定理を用いて税金の計算や土地の測量を行っている。やがて紀元前5世紀の古代ギリシャ時代になると、計算よりも数学の内部世界が研究対象となり、数学が道具から思考に進化した。

７世紀のアラビアで代数が発達し、15世紀のルネサンスで記号代数が発明されて、数学は物理的制約を受けない普遍的な視座を獲得した。そして17世紀になると微積分が考案され、無限の世界を探究できるようになった。極限や連続性の概念を厳密に考察する結果、主観的な直感を超越した抽象的な記号体系が生まれた。

20世紀に入ると、「数学をする自らの思考について数学をする」試みまでもが行われる。物理的直感や主観的感覚などといった曖昧なものを完全に脱ぎ捨てて、脳からあふれだした数学は、ついに「計算する機械」としてのコンピュータを生み出した。

当初のコンピュータは、第Ⅱ章でもふれた演算器間の結線を切り替えることでプログラムする「布線論理方式」であった。

図3-1　チップのスケーリングでコンピュータがダウンサイジングし両者は手を取り合って発展した

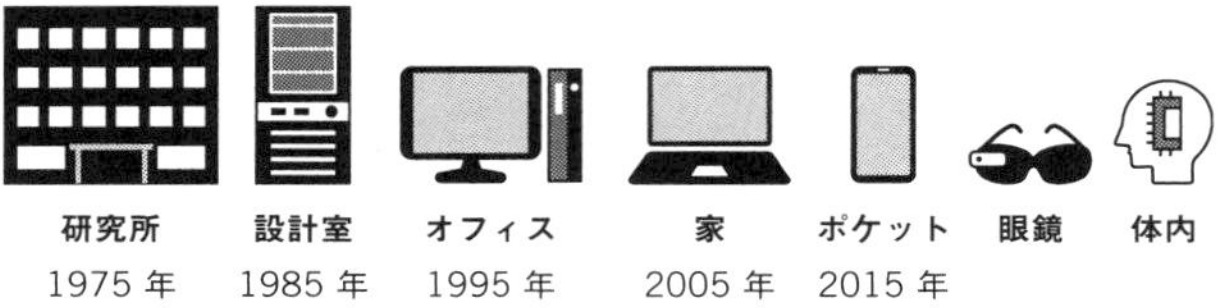

（出所）筆者作成

第Ⅱ章で述べたように、この方式には欠点が二つあった。処理できるプログラムの最大規模があらかじめ用意したハードウェアの規模で制約されてしまう「規模制約問題」と、システムが大規模になると接続数が膨大になる「大規模システムの接続問題」である。この問題を解決したのが、フォン・ノイマンとジャック・キルビーだ。

単純化・極小化された演算資源をチップに集積化・並列化することで、コンピュータの性能は飛躍的に向上した。高性能なコンピュータは、さらに大規模な集積回路の設計を可能にする。ムーアの法則に導かれて、コンピュータと集積回路はともに発展した（図3―1）。

集積回路の成長と限界

集積回路の性能・コスト比は、微細化により指数関数的に改善できる。「ムーアの法則」と呼ばれるこの経験則は、集積回路の指導原理であり、成長シナリオでもある。

コストはリソグラフィで決まるのだが、リソグラフィ技術が微細化の限界に近づくとフォトマスクを複数枚組み合わせるなど、工程を複雑化して微細化を達成する。結果としてコストが上昇するとトランジスタの単価が上がる。実際に16nm世代（2015年）からトランジスタの単価が上昇に転じている。

しかし、7nm世代（2019年）からEUV（極端紫外線）リソグラフィが導入されて、トランジスタの単価は再び下がると思われる。工程が再び単純化され製造コストが下落するからだ。

したがって、直近の問題はコストではなく、性能改善の限界なのである。電力、つまり発熱が上限に達して、そのために回路をどれだけ集積しても性能をこれ以上引き出せなくなることが、喫緊の課題となる。

電力あたりの処理性能、すなわち電力効率がムーアの法則の命運を握る。**「電力効率の改善なくして性能改善なし」**である。

電力はスケーリング（微細化）の副作用で増える。実は、電界効果で動作するトランジスタの電界が一定になるようにデバイスをスケーリングすれば、電力は増大しないはずだった。

しかし実際には、１９８０年代から90年代半ばにかけて、回路を高速動作させたかったために、電源電圧を下げずにデバイスをスケーリングした。その結果、電力は3年ごとに4倍増え、15年間で3桁も増えた。

電力が大きくなりすぎたので１９９５年以降電源電圧を下げてきたが、すでにデバイスの内部電界が高くなりすぎていたために電流は十分に減少せず、その後も電力は6年で2倍ずつ増え続けている。

電力増大の原因がスケーリングの副作用なのだから、その対策は容易ではない。原点に戻って考える必要がある。

電力低減の方策は三つある。低電圧化（V）と、低容量化（C）と、スイッチングの低減（fa）である。[20]

電圧を下げると電力は効果的に減るが、限界がある。立ちはだかるのはリーク（漏電）だ。ゲート絶縁膜を薄くせずにトランジスタを微細化すると、トランジスタのオン・オフを制御するゲートの作用が劣化して、トランジスタが十分にオフしなくなる。

その結果、電源電圧をさらに下げても、回路が遅くなる分だけリークが増大して支配的になり、電力はかえって増大する。今日使われているプロセッサの電力効率が最大となるのは、電源電圧がおよそ0・45ボルトのときである。

リークを減らすために、材料、プロセス、構造を変えてきた。たとえばトランジスタを立体構造にしてゲートで覆うことで、ゲートの支配力を改善している。7nm世代のFinFETは、予想以上にリーク削減に成功している。

汎用から専用へ、2Dから3Dへ

室温でCMOSゲートを多段接続できる理論限界は0・036ボルトである。低電圧化の方策も残すところ1桁、電力換算で2桁の余地しか残っていない。

電力効率を改善するもう一つの方策は、低容量化である。汎用のCPUやGPUに比べて、ASIC（特定用途向け集積回路）やSoC（一つの統合されたシステムが組み込まれたチップ）などの専用チップは、無駄な回路を削ぎ落とし低容量化が可能であり、電力効率を10倍以上高くできる。

また、データを移動するのは、計算に比べて大きな電力を消費する。とりわけチップの外にデータを出し入れすると、３桁ほど大きな電力を消費する。フォン・ノイマン・アーキテクチャが求めるＤＲＡＭのアクセスが電力のボトルネックになっている。

チップのデータ接続で大切なことは、接続境界を辺ではなく面にすることである。チップのなかはスケーリング率の２乗で高集積になる。一方、外部機器を接続するための入出力装置は主にチップ周辺に配置されるので、集積度はスケーリング率に比例する。その結果、データ通信が内部の性能要求に追い付かない。

これを解決するためには、チップを積層実装して面全体で接続することが有効になる。**集積のレベルを２Ｄ（平面）から３Ｄ（立体）に進化させることで電力効率を大きく高めることができるのだ。**

ムーアの法則が減速するなかで、従来技術の延長ではない新技術（破壊的技術）にも実用化の機会が増えている。

2 スケーリングシナリオ――指数関数の驚異

理想的なスケーリングシナリオ

集積回路の発展のための基本原理は、デバイスの微細化、つまりスケーリングすることである。集積度を高めてチップの製造コストを安くし性能を高める。

DRAMは3年で4倍ずつ、プロセッサは2年で2倍ずつ、集積度が高くなってきた。こうした経験則は、「ムーアの法則」として広く知られている。

チップの製造コストは、ウエハー1枚あたりの製造コストを1枚のウエハーから取れる良品チップの数で割った値である(21)。

リソグラフィとプロセスの技術を進化させて、デバイスをスケーリングする。同時に、ウエハー口径を大きくしたり、製造技術を改善したりすることで歩留まりを高めて、良品チップの数を増やす(22)。

過去50年間を振り返ると、2年ごとにデバイスは20%微細化され、チップサイズは14%大きくなっている。その結果、集積できるデバイスの数は2年ごとに倍増（$=1.14^2/0.8^2$）してきた。

DRAMでは、さらにデバイスを3次元構造にしたり回路を工夫するなどして、3年で4倍の高集積化を果たしてきた。もっとも、こうした工夫はそろそろ限界に近づき、DRAMのスケーリングは間もなく止まるとも言われている。

次に、性能がどうなるかを議論しよう。**デバイスの寸法と電圧をどちらも$1/\alpha$に小さくスケーリングすると、トランジスタはスケーリングの前後で等しい動作が保証される。**この**「電界一定のスケーリング」**によって、電界効果トランジスタ内部の電界を一定に保てる[23]。

デバイスの寸法が$1/\alpha$になるとき、トランジスタを流れる電流と容量も同じく$1/\alpha$になる。なぜなら、電流はデバイスの寸法に比例して$1/\alpha$になり、容量も面積÷距離で求められるのだが面積は$1/\alpha^2$になっているため、容量は$1/\alpha$になるからだ[24]。

電圧、電流、容量がそれぞれ$1/\alpha$になると、回路の遅延時間も$1/\alpha$になる。回路の遅延時間は容量×電圧÷電流で求められるからである[25]。

ここで、単位面積あたりの電力である電力密度を計算すると、電圧×電流÷面積で計算できるため、$1/\alpha$にスケーリングしても変化しない。**集積度が上がると放熱が難しくなるように感じるが、電力密度は一定であり、発熱量もほぼ比例するため、放熱の問題は起きない。**

まことに理想的なシナリオである。

実際のスケーリングとその副作用

しかし、理想どおりには事は運ばなかった。

マイクロプロセッサの動作周波数は、10年間でおよそ50倍高速になった。そのうち13倍がスケーリングによる効果で、残りの4倍がアーキテクチャによる改善である。

換算すると、動作速度は2年で1・6倍ずつ高速化されたことになる。電界一定のスケーリング則では1・2倍のはずであるため、随分高速化されたことが分かる。

実は、1995年までは電源電圧を低くせずにデバイスをスケーリングしていた。つまり、「電界一定」ではなく「電圧一定」でスケーリングしたのである。

その場合、電流はα倍に増え、容量は$1/\alpha$に小さくなるので、回路の遅延時間は$1/\alpha^2$に小さくなり、回路はさらに高速で動作する。しかし電力密度はα^3で急増してしまい、発熱量も比例して増える[26]。

こうした理由は、処理性能が高いほどチップがよく売れたからである。一方でチップの電力は当初十分に小さかったので、電力の増大はさほど大きな問題ではなかったのだ。

1980年から95年までの15年間にチップの電力は1000倍に増えた。その結果、単位面積あたりの発熱量は、調理用ホットプレートの30倍にも達してしまった。放熱ができないとデバイス内部の温度が高くなり、信頼性が損なわれる。電力の壁にぶつかると、回路をそれ以上集積できなくなる。

このように、**電力の壁の原因は、アグレッシブなスケーリングの副作用であった。**

1995年以降は、電源電圧は徐々に下げられた。

当然のことではあるが、回路を使わないときは電源をこまめに切ったり、高い性能が要らないときには電源電圧を下げるなど、電力を節約する細かな努力も積み重ねられてきた。

これらのことは日常生活でも行われている当たり前の節約のように聞こえるが、1億個以上のトランジスタを集積した大規模集積回路になると、無駄に気づくことからして容易ではない。

電源電圧の理論的下限値は、室温の場合0・036ボルトである。これ以下にすると、CMOS回路の利得が1を切り、デジタル回路を多段に接続できなくなる。

しかし実際には、オフしているトランジスタのリーク電流やデバイスのばらつき、ノイズなどがあり、0・45ボルト以下に下げるのはとても困難なのである。

28nm世代以降は、集積はできても同時には使えないトランジスタ、いわゆる「ダークシリコン（電源を投入できずに暗いままのトランジスタ）」が急増している。機能は集積できても性能を引き出すことが困難になっているのだ。

したがって、今は電力効率を改善できた人だけが、性能を改善できるフェーズに入っていると言えるだろう。まさに「**電力効率の改善なくして性能改善なし**」である。

電源電圧を下げる以外に電力効率を改善する手段は、容量Cの削減である。そのために、チップを積層して3次元に集積する技術が、今後の集積回路の命運を握る。つまり集積のレベルを2Dから3Dに拡張するのだ。なぜなら、チップの厚さはチップの幅に比べると3桁も小さいので、チップを3次元に積層すればチップ間の接続距離を桁違いに短くでき、容量の削減につながるからである。

指数関数の驚異を私たちは直観できない

池の鯉を世話する老人がいた。十分な酸素が水中に届くように、時折、蓮の葉を摘み取っ

**図3-2　テクノロジーが指数関数的に成長しても
人は直線的に直観するので変革は予想より早く訪れる**

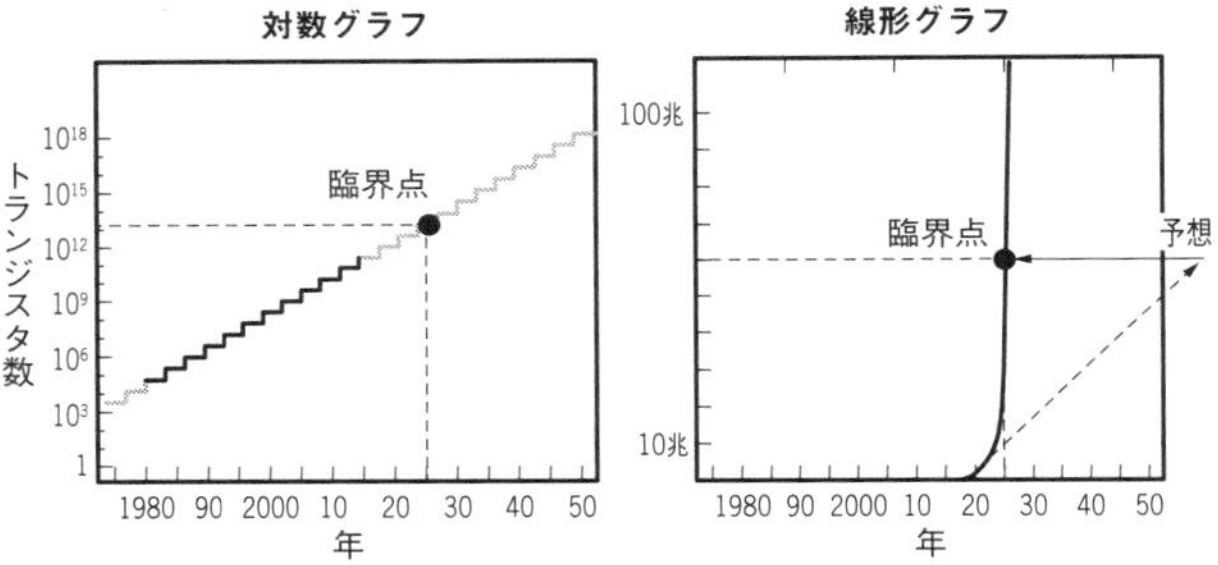

（出所）筆者作成

て池を守っていた。蓮の葉はそれほど急に増えるものではないので、まあ大丈夫だろうと1週間ほど留守にすると、池はすっかり蓮の葉に覆いつくされていた。

この話は、指数関数の特徴をよく表している（そしてコロナ感染者数の増大もこれと同じだ）。

私たちの直観は、変化する事象を直線近似に捉える。太古の昔、ジャングルのなかで猛獣（等速運動）から身を守るために獲得し、DNAに刻まれた感覚である。現代社会になっても、これまでの変化を直線的に推定して未来を予測することは多い。

しかし、**チップが創る世界は指数関数で成長する。AIもその一つである。**AIが突然この世に現れ、直後には空高く舞い上がるように急成長する理由は、ここにある。

チップが生み出すデータも指数関数的に急増している。インターネットの通信量は、年率4倍で急増している（ギルダーの法則）。

21世紀後半には、全人類の脳のニューロンの総数に匹敵するトランジスタが一つのチップに集積できるかもしれない。さらに世界中のチップが無線接続されて巨大な頭脳が地上に出現することも、夢物語ではない。

集積回路の発明からわずか１００年の間に、世界は劇的に変化している（図３－２）。

3 チップの構造改革――リークを減らせ

トランジスタの構造改革

トランジスタには三つの端子がある。ソースは電荷の供給口、ドレインは電荷の排水口、ゲートは電荷の流れを調整する水門である。ゲートの電位を変えることで、ソースからドレインへ電荷を流したり止めたりできる、いわば、スイッチができるのだ。

トランジスタのつくり方は、半導体基板の表面を酸化して薄い酸化膜をつくり、その上に金属のゲートを置く。次に半導体基板に添加した不純物と反対の極性を持つ不純物を上から打ち込む。すると、ゲートの両側の半導体基板の表面に不純物が打ち込まれてソースとドレインが形成される[27]。

ゲートの断面が金属—酸化物—半導体（Metal-Oxide-Semiconductor）の構造となることからＭＯＳトランジスタと呼ばれる。正電荷であるホールが多いＰ型半導体でソースとドレインを形成したＭＯＳをＰＭＯＳ、負電荷である電子が多いＮ型半導体を用いたものをＮＭＯＳと呼ぶ。

ＮＭＯＳの動作を説明しよう。ソースには電子が溜まっている。ゲートがソースと同じ電位のときは、ソースとドレインの間のＰ型半導体基板がソースとの間に電子の障壁をつくるので、ドレインとソースの間に電圧をかけても電子がドレインに流れ出ない。

ところが、ゲートにソースより十分に高い電位を与えると、ゲート直下のＰ型半導体基板の表面がＮ型に反転して電子の通り道であるチャネルができ、ソースからドレインに電子が流れ出す。電流の流れは電子の流れの反対なので、ドレインからソースに電流が流れる。

ＰＭＯＳの動作はこの正反対である。ソースにはホールが溜まっている。ゲートにソースより十分に低い電位を与えるとチャネルができて、ソースからドレインにホールが流れ出し、電流が同じ方向に流れる。

ここでPMOSとNMOSのソースを電源とグラウンドにそれぞれ接続し、両者のゲートをつないで入力にし、ドレインをつないで出力にすると、CMOSインバータを構成できる。

CMOSインバータの入力に低い電位（L）が入ると、NMOSはオフしPMOSはオンして、出力には電源から電流が流れ出して高い電位（H）が出る。同様に、入力にHが入ると、出力からグラウンドに電流が流れ出して出力にLが出る。

PMOSとNMOSは同時にオンしないから、電源からグラウンドに電流が流れっぱなしにはならない。出力をHやLに変化させるためだけに電流を使うので低電力である。PMOSとNMOSがこのように相補的（Complementary）な動作をするので、CMOSと呼ばれる。

ところが、トランジスタを小さくすると、ドレインとソースの間にリーク（漏電）が起きる。その理由を知るためには、チャネルができる仕組みをもう少し詳しく見なければならない。

NMOSの動作説明に戻ろう。ゲートにソースより十分に高い電位を与えると、なぜP型半導体基板の表面がN型に反転してチャネルができたのだろうか？

2枚の金属電極を向かい合わせにしたキャパシタ（コンデンサとも言う）を思い出してほしい。まず1枚の金属版Aに正電荷を与える。電荷は一様に分布する。

次に、帯電していない別の金属版Bを平行して近づけると、静電誘導により、金属板Aの正電荷に引かれて金属版Bの内側に負電荷が生じ、これと等量の正電荷が金属板Bの外側に分極する。この結果、金属板Aでも正電荷が内側に集中する。

続けて、金属板Bをグラウンドに接続すると、金属板Bの外側に分極していた正電荷がグラウンドに逃げる。ところが、金属板Bの内側の負電荷は、金属板Aの正電荷と引き合っていて移動できない。その結果、キャパシタの内部電界に電荷が蓄えられる。

ここで、金属版BをP型半導体基板に置き換えたのが、NMOSである。

金属板Aのゲートにソースより十分に高い電位を与えると、ゲートに正電荷が与えられ、ゲートに対向したP型半導体基板の表面には負電荷が蓄えられる。この負電荷、すなわち電子が十分に多くなると、半導体基板の表面は「N型に反転」して、電子の通り道であるチャネルができる。

このように、チャネルはゲートからの電界効果で制御される。

ところが、ゲート以外にもチャネルに影響を与えるキャパシタが潜んでいる。それはドレインである。

実は、ドレインと半導体基板の界面で、ドレインの電子がP型半導体基板に拡散し、P型半導体基板のホールがドレインに拡散する。ちょうど、容器のなかであらかじめ砂糖と塩を分けていた板を取り除くと両者が混ざり合うのに似ている。違うのは、電子とホールの間には静電気が働くので、少し混ざったところでそれ以上は拡散しないところだ。

その結果、ドレインと半導体基板の界面には、自由に移動できる電荷が欠乏した空乏層ができる。これが絶縁膜となってキャパシタをつくる。

トランジスタを小さくすると、ソースとドレインの距離が短くなり、ドレインの空乏層がソースに接近する。つまり、ソースから見るとドレインも小さなゲートである。

したがって、ゲートを閉じていてもドレインに正の電位を与えると、ソースの電子を閉じ込めていた障壁が少し下がってリークするのである。

たとえわずかなリークであっても、トランジスタを100億個も集積すると大きな漏電になってしまう。

図3-3　トランジスタの構造改革

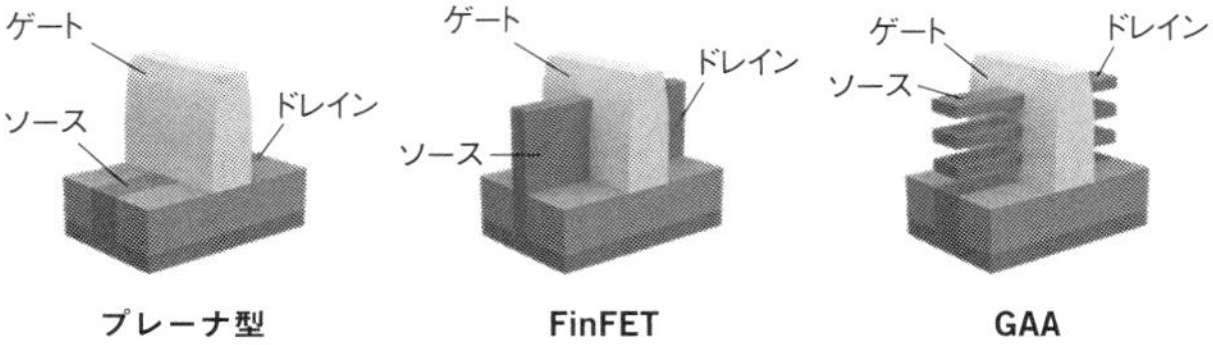

（出所）Lam Research

リークの原因はゲートの支配力の劣化にあった。では、ゲートの支配力を改善するにはどうすればよいのだろうか？

まずは材料を変えるという方法がとられた。

ゲート酸化膜を誘電率の高い材料に変えたのである。これは有効な手段であったが、微細化が進むにつれてやがてその効力も薄れた。

次には構造を変えるしかない[28]。

そこでゲートを二つにして、チャネルを両側から挟む構造に変えた。新たに追加するゲートをチャネルの下につくるのは製造コストが高くなるので、チャネルを半導体基板の表面から立てて、その両側にゲートをつくった。

これがＦｉｎＦＥＴ《フィンフェット》である（図３－３中央）。その形が魚のヒレ（Ｆｉｎ）に似た電界効果トランジスタ（Field-Effect Transistor：ＦＥＴ）であることからその名前がつけられた。16nm世代から採用されている。

2nm世代になると、ゲートの支配力をさらに高めた構造が必要になる。そこでゲートがチャネルを取り囲む構造が研究開発されている。これがGAA（Gate All Around）である（図3－3右）。ゲートで周囲を包まれた薄いチャネルに十分に大きな電流がオンしたときに流れなくてはならない。そのための材料物性が研究されている。

イメージをつかんでいただくために、思い切った比喩を使おう。ホースの水を止めたい。従来は、人差し指でホースを上から押して止めていた（プレーナ型）。それでは漏れてしまうようになったので、次に親指と人差し指でホースを両側から挟んだ（FinFET）。最後は、五本指でホースを鷲づかみに握ったのである（GAA）。

配線の構造改革

回路の集積度が増えると、チップの消費電力が増えて発熱量が増える。温度が上がってチップが故障しないように、電力の許容範囲が決まる。

電力を増やさずに集積度を高めるためには、電源電圧を下げることが有効である。電源電圧を半分に下げると、CMOS回路の消費電力を1／4に低減できるから、集積度を4倍高めることができる。1980年代は電源電圧が5ボルトだったが、現在は0・5ボルトである。理論的には、室温の場合0・036ボルトまで電源電圧を下げることができる。

ところが、その前に大きな課題が立ちはだかった。電源配線である。

電力は電圧と電流の積で決まる。集積度を上げても電力が増えないように電圧を下げると、その分、電流が増える。たとえば電力が50ワットの場合、電圧が5ボルトならば電流は10アンペアであるが、電圧が0・5ボルトに下がると電流は100アンペアに大きくなる。電子レンジやホットプレートが10アンペアである。その10倍の大電流をいかにして1㎝四方の小さなチップに供給するか？

そのためには電源配線を太くかつ厚くしなければならない。その結果、チップの電源配線は微細化に逆行するように厚く、多層になっている。半導体基板の上に形成される配線層は、1980年代は2～3層であったが、最近では15層を超える。

低層は短距離の配線に、中層は遠距離の配線に、そして上層は電源配線に用いられる。低層ほど薄くて細く、上層ほど厚くて太い。配線の大半の容積が電源配線に用いられる。人体の毛細血管から大動脈までのように、さまざまな配線がチップ全体に張りめぐらされる。

トランジスタを微細化するほど、電源配線は太くかつ厚くしなければならない。このジレンマを解決するために、電源配線を半導体基板のなかに埋めて、電源をチップの裏側から供給する構造改革が始まろうとしている。

限界説のトレンド

微細化はそろそろ限界である。そう言われて久しい。

実は、1980年代からそのような指摘が繰り返されてきた。しかし、実際には、そうした指摘を乗り越えて、今でも微細化は続いている。

このことを限界説のトレンドと揶揄《やゆ》する人もいる。つまり、「10年後には限界だ」との主張が頻繁に40年以上も続いているという皮肉である。しかし、別の観点から見れば、このまま放置すると10年後に何が限界になるかを明らかにしたことで、私たちはその限界を超えてきたとも言える。

実際、ゲート酸化膜を誘電率の高い材料に置き換えることは、不可能にも思える挑戦であった。1000万個を超えるトランジスタを歩留まり高く製造できたのは、シリコン基板の表面を酸化して良質なゲート酸化膜をつくれたからこそである。だが、実現不可能だという批判が大勢を占めたにもかかわらず、高誘電率ゲート絶縁膜は実用化された。

また、半世紀近く続いたトランジスタのプレーナ型構造が、FinFETやGAAに大胆に構造改革された。GAAのPMOSとNMOSの上下に積み重ねるCFETの研究も始まっている。これからは、教科書を10年ごとに書き換えなければならない。

インテルCEOのパット・ゲルシンガーは、2001年に次のように警鐘を鳴らした。

「現在のCPUは、表面の1㎠あたりに換算すると100ワットを超える電力密度となり、これは原子炉に近い数字だ。ペンティアム（CPUの名称）のころはホットプレートのレベルだったが、このままいけば、10年後には太陽の表面と同じレベルの密度になるだろう」

もちろん、危機は回避された。

私が東芝の研究所にいたころ、先輩から教わったことがある。

「不可能と言ってはいけない。今は不可能だと思っても、将来、可能になるかもしれない。とても困難だと言うべきである」

肝に銘じている。

4 AIチップ——脳に学ぶ

数学から生まれたコンピュータ

太古の昔、人は指を折って数え、歩数を数えて測量した。しかし、人は大きな数を認知できない。そこで四大文明期には計算機が登場して、人の認知能力を拡張した。

前述のように古代ギリシャ時代以降は、数学の内部世界が研究対象となり、数学は道具から思考に進化した。15世紀のルネサンスで記号代数が発明され、実世界では表現できないn次元の空間も考察できるようになった。こうして数学は、物理的制約を受けない普遍的な視座を獲得したのである。

やがて17世紀になると微積分が考案され、無限の世界を探究できるようになった。極限や連続性の概念を厳密に省察する結果、主観的な直感を超越した抽象的な記号体系が生まれた。そして20世紀に入ると、「数学をする自らの思考について数学をする」試みまで現れる。

このように、数学は、身体を離れて脳に宿り、物理的直感や主観的感覚などといった曖昧なものを完全に脱ぎ捨て、ついに脳からあふれだした。それがコンピュータである。

当初の電子式コンピュータでは、真空管がよく故障した。真空管は電極を熱して電子を気体中に放出し、その電子の流れを制御するデバイスである。家庭の白熱電球と同様に時間とともに電極が細り、やがて断線する。

そこで、気体ではなく固体のなかで電子を制御するトランジスタが1948年に発明された。デバイスの信頼性は一気に高まった。

また、第Ⅱ章のおさらいとなるが、コンピュータの機能が回路の配線で決まる「布線論理」には2つの課題があった。処理できるプログラムの最大規模がハードウェアの規模で制約される「規模制約問題」と、システムが大規模になると接続数が膨大になる「大規模システムの接続問題」である。

そこで、フォン・ノイマンは、複数の演算器を物理的に結線するのではなく、一つの演算器に毎サイクル違う命令を実行させる「**プログラム内蔵方式（フォン・ノイマン・アーキテクチャ）**」を発明し規模制約問題を解消した。

一方、ジャック・キルビーは、1958年に**集積回路（IC）**を発明した。フォトリソグラフィを用いて、一枚のチップに素子と配線を集積することで、「大規模システムの接続問題」を解決した。やがてシリコンがＩＣに最適な材料であることが見出された[29]。

こうして単純化・極小化された演算資源をシリコンチップに集積化・並列化することで、コンピュータの性能は飛躍的に向上し、高性能になったコンピュータはさらに大規模な集積回路の設計を可能にした。

このように、**フォン・ノイマン・アーキテクチャと集積回路とシリコンが出合い、コンピュータとチップは手を携えて指数関数的な進化を遂げたのだ。**

仕事をするとエネルギーを消費する。電子回路の仕事量、つまり性能は、給電と放熱の制約を受ける。エネルギー、あるいはエネルギーの流速である電力の効率を高めることが、チップの性能を高める。

チップの電力効率は過去20年間に3桁改善され、脳の1/100程度にまで向上している。また、チップの集積度も脳の神経細胞の数の1/100程度である。これまでの勢いがあれば、10年後には脳に追い付くはずだ。

しかし、フォン・ノイマン・アーキテクチャでは、大量のデータと命令がプロセッサとメモリの間を行き来するので、そこが細長い首のようにボトルネックになっている（フォン・

ノイマン・ボトルネック）。また、シリコンチップは、今世紀に入りデバイスの寸法が100nmより小さくなったころから量子効果が表れ、リーク電流を抑えられない。半世紀前に誕生したコンピュータとチップの成長の限界が見えてきたのだ。

ところが限界を迎える前に、**コンピュータは自ら学習する能力を備えた。機械学習である。そして脳の神経回路網を模したAIチップが誕生した。**

脳に学ぶAIチップ

神経回路網（Neural Network：NN）を設計するための要素技術は20世紀のうちに開発されていたものの、表現できる空間が広大すぎて、4層以上の深層神経回路網を学習させることは困難であった。

しかし21世紀に入り、オートエンコーダの深層化に成功し、学習に必要なコンピュータの性能が十分に高まったことで、深層学習が従来の情報処理に比べて圧倒的に高い処理性能を発揮するようになり、急速に実用化された[30]。

回路網の構成やアーキテクチャの研究も進んだ。画像認識では近くの信号だけを結合させる畳み込み型神経回路網（Convolutional Neural Network：CNN）が成功した。また、音声や自然言語処理のような時系列データを扱う認識処理では、再帰型神経回路網（Recurrent Neural Network：RNN）や長・短期記憶（Long Short-Term Memory：LSTM）が研究された。最近は、重要な部分に注目する仕組みであるアテンションが導入され、セルフ・アテンション機構を用いることでRNNの再帰構造を用いないトランスフォーマー・アーキテクチャが注目されている。

いずれも、私たちの脳をヒントにして研究が進んでいる。なかでも重要だと考えられているのが、**神経回路網の刈り込み《プルーニング》である。**

私たちの脳のシナプスは、生まれたときは50兆個ほどしかないが、生後12カ月までに1000兆個に増える。しかしその後は、学習によってシナプスは減少する。信号が通り強化されたシナプスは残るが、信号が来ない不要なシナプスは刈り込まれて消えていくのである。10歳頃までにはシナプスは半減し、その後は変化が少なくなる。

つまり、幼児期初期までに完全結合に近い神経回路網が形成されるが、学習するにつれて、不必要な配線が除去され必要な配線だけが残されるのである。こうして、無駄のない機能的な脳回路が形成される。

子どもの脳は学習を行うために大きく、大人の脳は推論を効率よく行うために刈り込まれているのである。小さく生んで、大きく育てて、社会で学ばせるという戦略は、脳が発達した哺乳類の生存戦略なのだろう。

脳とシリコン脳

脳とシリコン脳に関する話を述べておこう。数学から生まれたフォン・ノイマン・アーキテクチャのコンピュータが、あらかじめプログラムされた状態遷移にもとづき堅牢な情報処理を行う。それはちょうど、遺伝で機能が備わった視床・扁桃体・小脳に似ている。

一方、脳に学んだ布線論理型の神経回路網が、開放系で学習を続けながらプルーニングを行い、時間不可逆な柔らかい情報処理をエネルギー効率よく行う。それはちょうど、社会で学ぶ大脳皮質のようである。

このようにシリコン脳は、人の脳を参考にして描くことができる。では、シリコン脳は人の脳と同じような構造になるのだろうか？（図3－4）

「すごいダイナミックレンジだ！」

1981年にそう叫んだのは、研究室の先輩の合原一幸（現在、東京大学特別教授）で

図3-4 シリコン脳

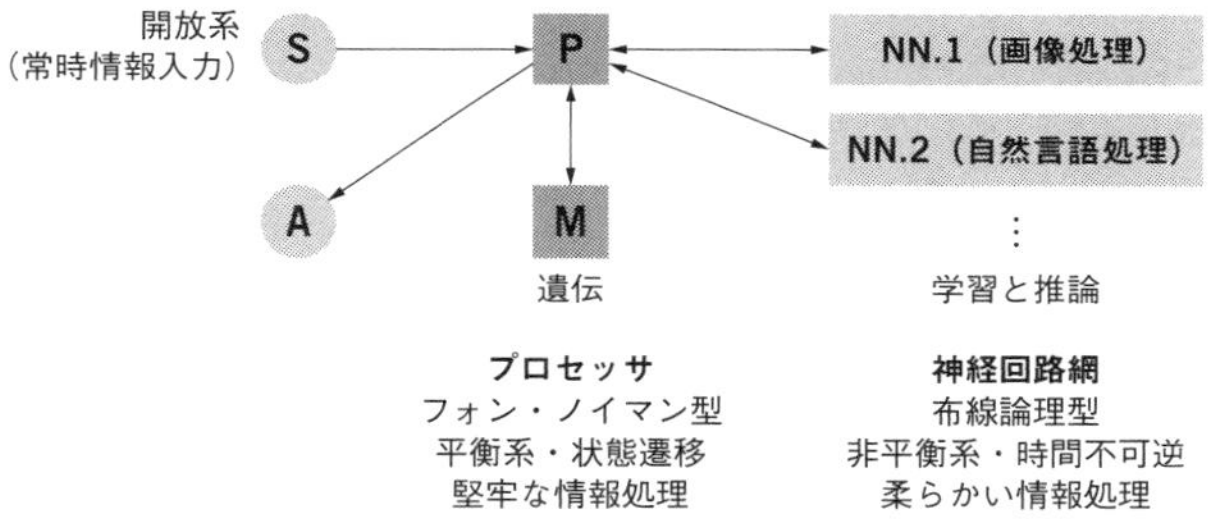

プロセッサが視床・扁桃体・小脳の役割を担い、神経回路網が大脳皮質の役割を担う
（S：センサー、A：アクチュエータ、P：プロセッサ、M：メモリ、NN：神経回路網）

（出所）筆者作成

あった。神経軸索の活動電位の発生と伝播を記述した非線形微分方程式のホジキンハクスレー方程式を計算機で解析したところ、神経軸索の抵抗値が大きく変化したのだ。

同様の特性を持った人工物をつくりだすことは容易ではない。脳とシリコン脳は、鳥と飛行機のように、違う原理と構造になるかもしれない。

神経回路網は、配線の接続が機能を決める「布線論理」である。製造後に回路をプログラムできるＦＰＧＡに私は期待を寄せている。

【コラム】 ＬＳＴＣの戦略

技術研究組合最先端半導体技術センター、略称ＬＳＴＣ（Leading-edge Semiconductor Technology Center）が２０２２年12月21日に設立された。

その使命は、オープンな研究開発プラットフォームを構築し、２nmノード以細の次世代半導体を短ＴＡＴ《タット》（Turn Around Time）に量産するための設計やデバイス、製造、装置、材料に関する技術戦略を策定し、研究開発することである。短ＴＡＴとは、開発や生産の開始から終了までにかかる時間を短くすることだ。

具体的な開発課題は、短ＴＡＴに回路の設計と検証ができるツールや手法、従来の半導体の性能を凌駕する革新的な半導体デバイス技術、短ＴＡＴや２nmノード以細の半導体開発に貢献する製造および計測技術、半導体の高性能化に資する材料、ハードウェアの性能向上と短ＴＡＴを同時に実現する３Ｄパッケージ技術、および新産業を創出し得る新しいデバイスである。

課題解決を加速するために、アメリカの国家科学技術会議ＮＳＴＣ（National Semiconductor Technology Center）やヨーロッパのｉｍｅｃ

と積極的に連携する。

併せて、永続的な半導体産業の隆盛を目指して、半導体人材の育成に取り組む。

ＬＳＴＣの組合員は、半導体に関連する科学技術の研究教育を担う産業技術総合研究所、理化学研究所、物質・材料研究機構、東北大学、筑波大学、東京大学、東京工業大学、大阪大学、高エネルギー加速器研究機構、そして、量産を担うラピダスである。

ＬＳＴＣの戦略を考えるにあたって参考となる技術研究組合の事例が二つある。

一つは、超ＬＳＩ技術研究組合である。１９７６年から80年にかけて活動し、80年代の日本の半導体産業の興隆期をもたらす要因を生み出した。

富士通、日立製作所、三菱電機、東京芝浦電気（現・東芝）、日本電気、日電東芝情報システム、コンピューター総合研究所の7社が大同団結して、各社に共通する二つの技術課題、すなわち超ＬＳＩ向けの製造装置の開発と大口径で高品質なウエハーの製造技術を研究開発した。

開発された縮小投影型露光装置（ステッパー）は、世界市場を占有し、半導体製造装置の国産化比率を20％から70％に高めることに貢献した[31]。

競合会社の技術者たちが共通の技術課題に共同で挑む手法は、世界の手本となった。

二つ目の事例は、先端システム技術研究組合、略称ＲａａＳ《ラース》（Research Association for

Advanced Systems）である。

２０００年以降、日本の半導体産業が衰退するなかで、技術と人材を保全し戦略を描いたことが、来るべき復興期への期待につながっている。

戦略目標は、エネルギー効率の改善と開発効率の改善である。時代の流れを読んだこの戦略は、ラピダスやLSTCの戦略につながっている。

RaaSは、民間の活力で２０２０年に始まった。凸版印刷、パナソニック、日立製作所、ミライズテクノロジーズの4社が参加した。潮が引くように半導体事業からの撤退が相次ぐなかで、ハードウェアの力を知る経営者がぎりぎりの判断で思いとどまった結果である。

加えて、外資系EDAベンダーやファウンドリの日本オフィスが、日本の半導体産業が枯れていくことを懸念して本社に掛け合い、全力でRaaSを支援した。

こうした力の結集により、当時の最先端であった7nmノードの設計環境をつくることができた。

また、２０２３年4月からアドバンテストと理化学研究所がRaaSに加わる。科学に貢献する半導体を手掛かりに、半導体の民主化を推し進めていく。

一方、エネルギー効率を高めるために、日本が保有する強い技術群を集めた3D集積技術を研究開発するNEDO（新エネルギー・

産業技術総合開発機構）プロジェクトが2021年に始まった。SCREENホールディングス、パナソニック コネクト、ダイキン工業、富士フイルムが加わり、チョークポイントを押さえる技術の開発に取り組んでいる。

LSTCが、この二つの技術研究組合から学べることは少なくない。

まず、日米を基軸とした国際連携のなかで、大同団結して、人類共通の課題であるエネルギー効率の改善と開発効率の改善に重点を置き、研究開発を進めるべきである。

次に、豊かな産業エコシステムをつくり、そこに集う者に共生と共進化を促すことが、持続可能で柔軟な産業の発展につながる。

そして、部分最適化ではなく総合最適化を目指して、設計からデバイス、製造、装置、材料の学術を総動員した取り組みが求められる。[32]

最後に、詰まるところ、技術は人。つまり人材育成が永続的な発展には不可欠だ。魅力あるオープンプラットフォームをつくって、国際的な頭脳を惹きつけることが重要である。

日はまた昇る。

夜明けに備えて、技術と人材を磨き戦略を練ることがLSTCの使命である。

超LSI技術研究組合もLSTCも専用半導体の時代の入口で生まれた点が、偶然にしても面白い。

Ⅳ

百花繚乱 More than Moore

１　２Ｄから３Ｄへ——集積回路の次の半世紀

大規模システムの接続問題

集積回路（チップ）の発明の背景には、大規模システムの接続問題があった。

１９４６年に開発された電子計算機ＥＮＩＡＣ《エニアック》には、手作業による接続が５００万カ所もあった。システムが大規模になると、接続数が幾何級数的に増加する。

この問題は、「**数の暴威**」と呼ばれ、さまざまな角度から対応策が検討された。そのなかから生まれた決定的な解が、集積回路であった。

それ以来、チップが「ムーアの法則」で指数関数的な成長を遂げ、それと歩調を合わせてコンピュータの性能も飛躍的に向上した。

しかし、メモリとプロセッサの間を大量のデータが移動するために、チップ間の通信がエネルギー効率を低下させる要因となった。いわゆる**フォン・ノイマン・ボトルネック**である。

さらにデータの急増も相まって、「**エネルギー効率の改善なくしてコンピュータの性能改善なし**」という状況になり、それは現在も続いている。

ＣＭＯＳ回路の消費エネルギーは、負荷容量に比例する。演算回路の負荷容量は、デバイスの微細化で小さくできる。

しかし、データの移動では通信路に沿った全容量を充放電しなければならないから、デバイスを微細化しても通信距離が変わらなければ消費エネルギーを低減できない。

演算よりもデータの移動の方が、はるかに大きなエネルギーを消費するからだ。

たとえば64ビットのデータを演算するのに比べて、そのデータをチップの端まで移動するのに50倍のエネルギーが必要になり、さらにチップの外にあるＤＲＡＭに移動するのに２００倍のエネルギーが必要になる。

チップ間の通信が大きなエネルギーを消費するようになったもう一つの理由は、転送速度を強引に高速化したからである。その背景には、通信チャネルをチップの周辺にしか配置できないので、その数を増やせないことがある。

まず、チップの演算性能は年率70％ずつ向上する。トランジスタが15％高速になり、機能の集積度が49％増加した結果である。

チップの性能が高くなった分、チップに出入りする信号の速度も高速にしなければ、高くなった性能を生かすことができない。

論理規模の拡大に応じて入出力の端子数をどれだけ増加させる必要があるかについての経験則である「レンツの法則」から類推すると、チップ間の信号転送を年率44％で高速化することが求められる。

しかし、デバイスのスケーリングでは、チップ間の通信速度を年率28％しか高速化できない。トランジスタは15％高速になるのだが、信号はチップの周辺からしか出入りできないので、機能の集積度を11％しか増大できないためだ。

仮にチップの全面に信号チャネルを配置しても、回路基板が十分な多層構造でなければチップの周辺で配線が込み合うので、チップの全面を利用するのは困難である。

このギャップを埋めるために、通信チャネルを高速化する回路技術を駆使してきた。しかし、一般にも言えることだが、トランジスタの性能限界まで強引に性能を引き出そうとすると大きなエネルギーが必要になる。

チップ間通信に必要なエネルギーは、１３０nm世代（２０００年頃）から増加に転じている。そしてこれ以上の高速化はそろそろ限界に近づいている。

以上の議論からお分かりのとおり、コンピュータのエネルギー効率を高める方策は、メモリとプロセッサの接続距離を短くして、かつ、接続数を増やし無理のない速度で信号転送することだ。

つまり、チップを積み重ねて短距離に接続し、面全体を使って程よい速度で通信すべきである。チップが2D（平面）から3D（立体）に進化する理由がここにある。

チップ内での集積のみに頼ることができなくなり、2Dから3Dへとチップが進化する現在において、一段と画期的な「接続問題の解」が求められている。(33)

シリコン貫通電極と磁界結合通信

そこで、チップを積層して垂直方向に配線接続するシリコン貫通電極（Through Silicon Via：TSV）の研究開発が1990年代に始まった。以前はチップの表面から数ミクロン以内を加工していたのに対して、今回は数十ミクロンを加工するのだから、容易ではない。

加えて、はんだ接続の微細化がとても困難であった。また、材料の熱膨張係数の違いから生じる応力によって信頼性の問題も生じた。

ＴＳＶは、いまだにコストが高く信頼性が低い。すでに四半世紀が経った今でも、解決の道が見えていない。

近年、はんだ接続を用いずに、銅の電極同士を直接接続するウエハー接合技術の進歩が著しい。Ｃｕ-Ｃｕ直接接合と呼ばれる。あるいは、接合面に銅電極とシリコン酸化膜が存在していることから、ハイブリッドボンディングの名でも呼ばれる。

一方、機械式接続ではなく、回路技術でチップ間を接続する技術も登場した。**磁界結合通信（ThruChip Interface；ＴＣＩ）**である。これはチップの配線でコイルを巻き、デジタル信号に応じてコイルを流れる電流の向きを変えて磁界の向きを変化させ、他のチップでコイルに生じる信号の極性を検知してデジタル信号に戻す方式である(34)。つまり、コイル間の磁界結合でチップ間通信を行うものだ。

半導体チップに用いられる材料はいずれも透磁率が1なので、磁界はチップをきれいに貫通できる。また、電界効果を利用するＣＭＯＳ回路と干渉する心配がない。

そして、ＴＳＶが接触式に接続するのに対して、ＴＣＩは標準ＣＭＯＳ回路で非接触式に接続する点が最大の特長だ。

ＴＣＩは、チップの製造プロセスを変えずにデジタル回路技術で実現できるので、誰でも安

図4-1 メモリやプロセッサをパッケージ内で3D実装することでエネルギー効率を高くできる

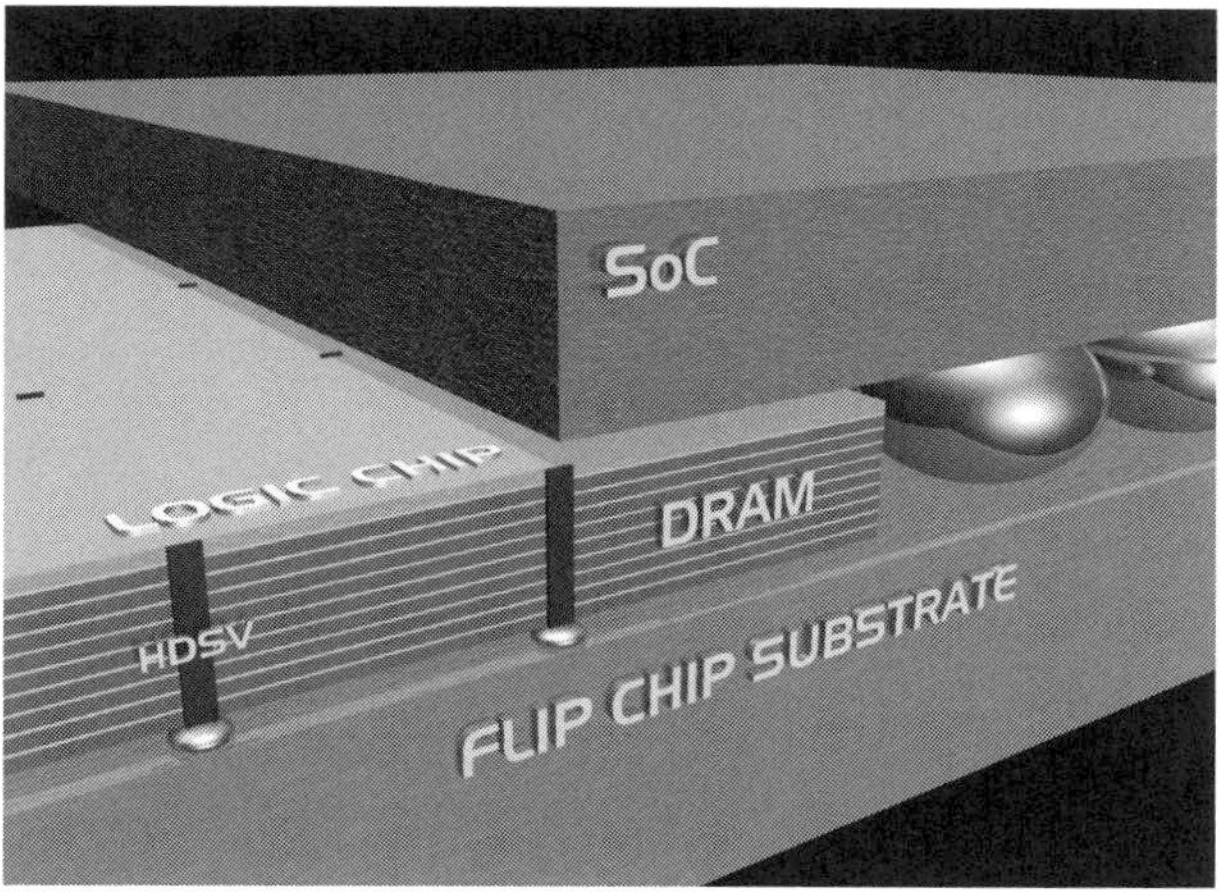

（出所）筆者作成

く実現できる。TSVだとDRAMの値段が1・5倍以上高くなるが、TCIならそれを1・1倍以下に抑えることができる。

さらに、チップを薄くするほどTCIの性能コスト比を指数関数的に改善できる。

たとえば、チップを1/2に微細化し、加えてチップの厚さを1/2に薄化すれば、TCIのデータ転送速度を8倍に高め、エネルギー消費を1/8に低減できる。

ただし、TCIは電源を接続できない。電源接続はTSVで行い、信号接続はTCIで行うのが現実的である。それならば信号接続もＴＳＶでいいではないかと疑問に思われるかもしれないが、実はＴＳＶの不良はオープン不良である。したがって、冗長にしにくい信号線には使いにくいが、もともと超並列に接続されている電源線には問題なく使える。

ＴＳＶに代えて、高濃度の不純物領域で電源接続を行う新技術、高濃度不純物添加シリコン電極（Highly Doped Silicon Via：ＨＤＳＶ）の研究開発も行われている。

このようにチップが２Ｄから３Ｄに進化することで、チップの電力密度は高くなる。しかし、エネルギー効率を高めるためにチップが２Ｄから３Ｄに進化した結果、電力効率の一層の改善要求を突き付けられることになる（図４－１）。

不連続な技術を生かせる時代

研究と実用の間に横たわる死の谷。不連続な技術（破壊的技術）は、この死の谷を越えることがなかなかできない。

接続技術は、接続される両者の了解が必要になる。

プロセッサの会社に行ってＴＣＩを紹介すると、身を乗り出して話を聞いてもらった後に、メモリにはいつＴＣＩが搭載されるのかを尋ねられる。

そこでメモリ会社に行き、プロセッサの会社がＴＣＩに強い興味を示していることを伝えると、席に深く腰掛けたまま、大口の客がみんな使うと言わなければ大幅な変更を伴う新技術の導入は難しいと渋い顔をされる。メモリビジネスは汎用品ビジネスなので、このようにいつも保守的である。

これでチキン・アンド・エッグ・プロブレム（タマゴが先か、ニワトリが先か）の迷宮から抜け出せなくなる。

しかし、エネルギー効率の改善なくしてコンピュータの性能改善なしという状況に追い込まれ、そこから脱するためには２Ｄから３Ｄへと集積回路の新たな時代の扉を開かざるを得なくなった。**不連続な技術――それは革新的技術とも呼べる――にとっては、チャンス到来だ。**

それでもメモリ会社を動かすのは容易ではないので、まずはＳＲＡＭを積層してＤＲＡＭに匹敵する大容量を実現し、プロセッサと接続することから始めるのがよいと考えている。ＳＲＡＭはプロセッサの会社が開発できるので、単独で決断できるからだ。そしてＤＲＡＭのスケーリングがそろそろ止まりそうだからという理由もある。

2 半導体キューブ——横から縦へ

パンケーキ型とスライスブレッド型

3D（立体）集積はメモリから始まった。

まず、DRAMチップが2枚積層されたHBM（高帯域幅メモリ）が市場に投入され、その後、積層枚数は4枚、8枚、12枚と増えている。

次にメモリとロジックの3D積層も始まった。2枚のSRAMチップをロジックチップの上に積層実装したプロセッサが、アドバンスト・マイクロ・デバイセズ（AMD）から発表された。キャッシュメモリを大容量化することでプロセッサの電力性能を30％改善できている。この性能改善は、微細化を1世代進めたときの効果に匹敵する。まさに More than Moore である。

いずれの場合も、チップは平積みで重ねる。縦置きで並べる人はいない。チップは、一辺が1㎝で厚さが0・1㎜ほどである。そんな薄いチップを縦置きにしようとは思わない。少なくとも10枚ほど重ねている間は……。

図4-2 キューブのチップを縦置きにしたスライスブレッド型の方が、放熱、給電、通信の性能が高まる

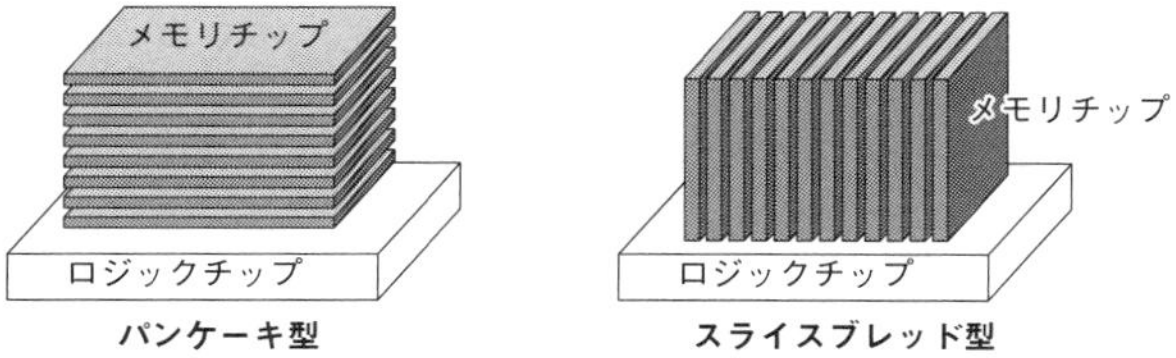

（出所）筆者作成

しかし、チップを１００枚重ねるとどうなるだろうか。厚みは１cmになる。つまり、立方体（キューブ）になる。

メモリチップを１００枚重ねてメモリキューブをつくり、ロジックチップの上に積層することを考えよう。キューブのなかのメモリチップの積層方向は2通り考えられる。一つは横置きで、もう一つは縦置きである。前者をパンケーキ型、後者をスライスブレッド型と呼ぼう。スライスブレッドとは、あらかじめ切られた食パンのことである（図４−２）。

実は、パンケーキ型よりもスライスブレッド型の方がメリットが多い。

第一に、熱が逃げやすい。

チップの基板のシリコンは、配線絶縁膜のシリコン酸化膜に比べて１５０倍も熱を伝播《でんぱ》する。スライスブレッド型だと、シリコン基板が熱を下から上に逃がしてくれる。パンケーキ型だと、ちょうど毛布を何枚も重ねたように、シリコン酸化膜が放熱を妨げてしまうのだ。

3D集積の最大の課題は放熱である。

たくさんのチップを重ねると、枚数に比例して発熱量が高くなる。この熱をパッケージ上部の放熱板にどのように伝播させるかが課題である。その点でスライスブレッド型は、パンケーキ型に比べてはるかに有利である。

たとえばパンケーキ型にするとキューブ内の最高温度が200℃に達する場合でも、スライスブレッド型にすれば100℃に抑えることができる。

第二に、通信がしやすい。

パンケーキ型では、メモリチップが重なるので、下に置かれたメモリチップほどロジックチップとの接続配線が多く通る。

できれば同じメモリチップを積層したい。そこで、配線を共通にして、つまりチップを串刺しにするようにして、一本の配線にすべてのチップを接続する。すると、ロジックチップが一つのメモリチップと通信をする際もすべてのメモリチップに送信しなければならなくなり、遅延と電力の無駄を生じる。

ところが、スライスブレッド型にすれば、すべてのメモリチップがロジックチップと接しているので、同じメモリチップを積層しても個別配線ができて、遅延と電力の無駄を生じない。

ただし、メモリチップの端でロジックチップと通信するためには、特別な通信技術が必要になる。磁界結合通信はそれを可能にする。配線の周囲にできる磁界の結合で通信する技術である。二つのチップの位置が多少ずれても、通信できるのが特長だ。

では、給電はどうするか?

ロジックチップからキューブに給電することを考えると、スライスブレッド型よりもパンケーキ型の方が簡単に思える。

しかし、通信で議論したのと同様に、パンケーキ型で下のチップから上のチップに給電すると、下のチップほど給電元に近くなるので大きな電流が流れ、太い電源線が必要になる。したがって、同じメモリチップを積層すると、上のチップほど過剰な電源線を備えることになり無駄が生まれる。

また、キューブのメモリ枚数が増えると、消費電力がロジックチップに比べて小さくもないので、ロジックチップを貫通して給電するのは無駄が多い。それよりもパッケージから直接各メモリチップの側壁に供給できれば、ロジックチップの面積を小さくできる。

このように考えをめぐらせると、パッケージから各メモリチップに直接給電する新しい技術が必要になる。いろいろなアイデアが現在検討されている。

ところで、１００枚以上のチップを積層するのは大変だろうか？

次のようにすれば、比較的うまくできる。

まず2枚の表面同士を貼り合わせてから一方の裏面を削り、モジュールをつくる。次にその削った面同士で2枚のモジュールを貼り合わせてから一方の裏面を削る。すると4枚が積層されたモジュールができる。このように積層枚数を2倍ずつ大きくする作業を7回繰り返すと、１２８枚のチップを積層できる。10回繰り返せば、１０００枚以上のチップも同じ方法で積層できてしまう。

メモリキューブからシステムキューブへ

メモリには、ＳＲＡＭ、ＤＲＡＭ、ＮＡＮＤフラッシュなどがある。動作速度は、ＳＲＡＭが一番速くてＮＡＮＤが一番遅い。一方、記憶容量は、ＮＡＮＤが一番大きくてＳＲＡＭが一番小さい。すべてに優れたメモリはない。

そこで、メモリは階層的に用いられる。つまり、直ちに必要になりそうな情報は、ＳＲＡＭ

やＤＲＡＭに置く。一方、しばらくは使われないであろう情報は、ＮＡＮＤかＤＲＡＭに保存する。

もし、ＳＲＡＭをＤＲＡＭ並みに大容量化できたら、コンピューティングの性能が飛躍的に高まり革命が起こる。

ＡＭＤが示したのは、その可能性である。２枚のＳＲＡＭをプロセッサの上に積層実装したところ、微細化を１世代進めた効果に匹敵する性能改善ができた。

では、１２８枚のＳＲＡＭを積層するとどうなるか？

ＳＲＡＭチップの寸法を８・４㎜×３・０㎜で厚さ０・１㎜とすると、キューブの形状は８・４㎜×３・０㎜×12・８㎜となる。

Ｎ２以降の最先端プロセスを用いると記憶容量は24ＧＢとなり、12枚のＤＲＡＭを積層したＨＢＭ３と同じになる。電力もＨＢＭ３と変わらない。

一方、データ転送の帯域は毎秒14・４ＴＢ《テラバイト》となり、ＨＢＭ３と比べて17倍広帯域である。遅延時間も10サイクル以内であり、ＨＢＭ３の１/５以下となる。

このようなＳＲＡＭキューブができれば、ＨＢＭ３を置き換えてコンピューティング性能を格段に向上できる。

SRAMチップの厚さを0・025㎜に薄くすれば、記憶容量を4倍に拡大することもできる。

SRAMキューブと同様に、DRAMキューブやNANDキューブもつくることができる。チップを接着剤で張り合わせるので、どんなチップでもキューブにできる。**さらには、SRAMとDRAMとNANDを好きな比率で組み合わせたメモリキューブも自由自在につくれる。**応用ごとに最適な配合をすればよい。

ロジックチップもキューブに交ぜるとシステムキューブになる。

たとえば、AI処理を加速するロジックチップとSRAMチップを向かい合わせに接合する。さらに必要なだけDRAMやNANDを接着してキューブをつくる。周辺回路や制御回路、チップ内のネットワーク回路などを集積して比較的安いプロセスで製造したロジックチップをキューブの下に実装すれば、システムキューブが出来上がる。

ふと書棚を見ると、本が縦横に積まれて並んでいる。パッケージのなかも将来は、この書棚のようにチップが並ぶことになるのであろう。

The best thing since sliced bread

現在では、食パンが何枚かに切られて売られているのは当たり前のことだが、切られた状態のパンが今から90年前に初めて発売された当時は、画期的で大人気になった。

そこで、この出来事から誕生したのが、The best thing since sliced bread という英語のイディオムである。「画期的なもの、素晴らしいもの」という意味である。

This new smart phone is the best thing since sliced bread!（この新しいスマートフォンは画期的だよ！）と使う。

3D集積のチップを、横から縦にしてスライスブレッド型にしたら、まさにこう叫ぶことになるだろう。

This new 3D chip is the best thing since sliced bread!

3 脳をインターネットに接続する——Internet of Brains

ケンブリッジで見た神秘的な光景

2019年。ケンブリッジの春は遅い。5月というのに人々は厚手のコートを纏《まと》っている。

夕暮れになるとハーバード大学のキャンパスの美しさは一層際立つ。新緑の芝生を歩く学生の姿がまばらになり、やがて学生寮から橙色《とうしょく》の灯りが漏れてくる。暗闇迫るキャンパスに歴史の帳《とばり》が下りる。

この灯りの下で、人類が蓄えてきた学問が継承され、そして新たな知が生み出される。灯りに誘われるように、ここで学びたいという衝動に駆られた。老眼で本を読むのも一苦労なのに、留年を繰り返しながらも生涯学び続けることができたら人生はきっと豊かになるだろう。

しかし、そんなことが許されたならばキャンパスは老人であふれ出す。ああ、もう少し若くしてこの地を訪ねることがあったならば……そんな感傷に浸った。

翌日はＡＩチップの研究打ち合わせだった。午前はＭＩＴ（マサチューセッツ工科大学）に、午後はハーバード大学に行く。地下鉄レッドラインに乗れば、チャールズホテルの近くのハーバードスクエア駅からＭＩＴのメディアラボがあるケンドール駅まではほんの15分。

しかし、その日はふと歩いてみたくなった。

チャールズ川は見えない。映画「ソーシャル・ネットワーク」のなかで見たレガッタのシーンを思い浮かべながら、歩き出した。

しかし予感は外れて、街角に面白いものは見つからない。小一時間も歩くと疲れてしまい、ついにメイン通りとバッサー通りの交差点で立ち止まってしまった。

そのとき、突然、神秘的な絵が私の目に飛び込んできた。

それは、窓ガラスが青く反射する近代的なビルの玄関ロビーに設置された大型ディスプレイに映し出されていた。ビルにはＭＩＴマクガヴァン脳研究所と書かれている。捻《ねじ》れた大木を模《かたど》ったモニュメントを見上げながらビルに入り、柔らかいソファーに身体を沈めた。ロビーの奥にはセキュリティゲートがある。若い研究者たちが片手にスマホやコーヒーを持って慌ただしく出入りしていた。

世界中から集まった秀才たち。瞳には英気と自信が満ちあふれている。世界最先端の研究をしている人たちに共通の雰囲気だ。

１００インチのディスプレイに研究を紹介するスライドショーが映っていた。

あっ、これだ！

私をここに惹きつけた神秘的な絵が映し出された。

天体写真にも抽象絵画にも見える。暗闇の中に虹色《なないろ》に輝く無数の縮れた糸が小宇宙を紡ぎ出す。そこに向かって手前から、まるで精子が隊列を組んで将《まさ》に突入するかのようだ。

「脳の新しい映像」というタイトルを見て、この図が脳の神経網であることを知った。視点を3次元に自在に変えて観ることができる脳の設計図だ。

「ボイデン研究室は脳細胞の内部のタンパク質やRNAを映し出す技術を開発した」

そしてスライドが変わる。今度は青く光るプレパラートを手にした科学者が現れる。タイトルは「膨張顕微鏡法」。

膨張顕微鏡法とその逆の方法

膨張顕微鏡法？

細胞や組織を大きくすることができるというのだろうか？　不思議の国のアリス症候群？

「膨張顕微鏡」をスマホで検索すると、科学誌『ネイチャー・ダイジェスト』（2015年Vol.12 No.4）に「脳を膨らませてナノスケールの細部を観察」という文献が見つかった。

リード文を読む。「紙おむつの吸収体に利用される材料を使って脳組織を膨張させることにより、一般的な光学顕微鏡を使って、わずか60nmの特徴まで解像することができた」

その詳しい方法は本文に書いてあった。最初に、脳組織の特定のタンパク質に蛍光分子タグを付ける。次に、アクリル酸塩モノマーを脳組織に浸透させて蛍光分子タグと結合させる。このモノマーの重合反応を開始させると、脳組織内でアクリル酸塩ポリマー（重合体）の網目状構造ができる。

脳組織のタンパク質を分解した後に、残ったアクリル酸塩ポリマーに水を加える。すると、おむつのように水を吸って膨張し、網目状構造に結合している蛍光タグの間隔があらゆる方向に正確に広がっていく。その結果、最初は光学顕微鏡では識別できないほど近接していた蛍光タグがはっきり分かれて見えるようになる。

つまり、脳組織のタンパク質の位置を紙おむつにコピーし、水を加えて膨張させた後に光学顕微鏡で観察したのである。その映像をコンピュータグラフィックスで色鮮やかな3次元の図に仕上げたのが、目の前の虹色の絵であった。見事な可視化だ。

スライドショーでエド・ボイデン教授は問う。「脳をもっとよく見たいなら、君はどうする？ 科学者を小さくするか、脳の組織を拡大するよね」

もちろんボイデン教授は後者を選んだ。

私なら科学者を小さくする！

ここから私の妄想が始まる。１００㎛四方のチップに１００万個のイメージセンサーを集積した小さな顕微鏡をつくる。一つのセンサーの大きさは１００nm四方である。

そのチップを脳組織のなかに運ぶことができれば、至近距離で60nmの特徴を見分けることができないだろうか。たくさんのチップが捉えた映像データを無線通信で集めて解析すれば、全体像を再構築できないだろうか。乱雑な妄想は果てしなく続き、時間も疲れも忘れてしまった。

私は当時、国立研究開発法人科学技術振興機構（ＪＳＴ）のＡＣＣＥＬプロジェクトに取り組んでいた。当初はコンピュータの電力効率を改善することが研究のテーマであったが、やがてＡＩブームが起こり、私もモバイル人工知能〝eBrains〟をつくりたいと考えるようになった。

極小チップを脳に埋め込めば、脳をインターネットに接続できる。だからモノのインターネットーoT（Internet of Things）の次は、脳のインターネットーoB（Internet of Brains）

を実現できる。脳の次は細胞のインターネット、ＩｏＣ（Internet of Cells）か。

いや、その前に、人に装着したセンサーやアクチュエータを脳とつなぐ、人のイントラネットが先決だろう。脳や身体に溶け込んだコンピュータは、人の感覚や免疫を拡張し、高齢者の社会生活を支援するだろう。

私もそんな夢物語を考えるようになっていた。

脳がインターネットにつながったら

脳とコンピュータはつながりが深い。

脳は社会をつくり、心を生み出した。人は自分の意図を知り、それを伝えるために言語と論理を獲得した。

人はさらに認知能力を拡張する道具として数学を創った。それはやがて脳に宿り、高度な抽象化によって身体を削ぎ落とした果てに、脳からあふれだした。コンピュータの誕生だ。

津田一郎博士が意識の普遍性を「心はすべて数学である」と表現したように、あるいは森田真生が『数学する身体』（新潮社）で描き出したように、抽象化の先に産み落とされたのがコンピュータであり人工知能だ。

左右の脳を持つ eBrains をつくったら、人の脳と同様に、画像と音声が右脳で認識された後に、左脳の連合野で言葉に抽象化されるのだろうか？

脳がインターネットにつながったら、マット・リドレーが『繁栄』（早川書房）で述べるように、結びついている人口が多いほどイノベーションが起きる確率が高まり、アイデアの生殖が地球上を覆うのだろうか？[35]

そして、マービン・ミンスキー博士が唱えたように、エージェントの集合は「心の社会」を生み出すのだろうか？　言葉の先に意識が生まれ、芸術が生まれ、コンピュータは人と同じような進化を遂げるのだろうか？（それとも養老孟司先生に「バカ」と一笑に付されるのだろうか？）

4　同期と非同期――チップのリズム

チップの同期設計

半世紀前、クロックを用いて回路のタイミングを揃える同期設計と、そうしない非同期設計の是非が議論されていた。

カリフォルニア工科大学では次のような実験が行われた。一般の学生にはチップを同期設計する課題を与え、成績優秀者には同じチップを非同期で設計するように指示したのだ。その結果、**同期設計の方は多くのチップが正しく動作したが、非同期設計の方は正しく動作しなかった。**非同期設計で何が起きたのだろうか?

論理回路には、入力が決まると出力が一意に決まる組み合わせ論理回路と、入力が同じでも状態によって出力が変わる順序論理回路がある。計算はいつも答えが同じなので組み合わせ論理回路を使うが、制御は状態によって動作を変える必要があるので順序論理回路を用いる。

状態は遷移する。たとえば2ビットで表現される状態{S1,S2}が{0,1}の状態から{1,0}の状態に遷移する際に、意図しない{0,0}や{1,1}の状態を一瞬経由する。なぜならS1とS2は違う回路の出力だから、あるいはまったく同じ回路の出力だとしても回路の素子には製造ばらつきがあるので、両者のタイミングを揃えることは困難だからである。

この一瞬のためらい(ダイナミックハザード)は、計算では最終的に正しい答えを導くので問題にならないが、制御では誤動作の原因になる。ためらった瞬間にデータが到着すると制御を誤るからだ。

そこで、ちょうど交通信号機が青になると一斉にクルマが発進するように、早く到着したデータも遅く到着したデータもいったん待たせて、クロックが変化した瞬間にデータを一斉に出力すれば、クロックの周期《サイクル》ごとにタイミングを揃えることができる。

データは二つのインバータで輪をつくれば保持できる。たとえば一つ目のインバータにLを入力するとその出力はHになり、二つ目のインバータでHがLになって、一つ目のインバータの入力にLを戻すからだ。

クロックで開閉するスイッチをこの輪に挟み、クロックがLのときは輪が閉じてデータを保持し、クロックがHのときは輪が開いてデータを通過させるようにする。この回路をラッチと呼ぶ。掛け金《がね》のようにデータをひっかけることができるからである。

ラッチを二つつなげて前のラッチに逆相のクロックを与えた回路をフリップフロップと呼ぶ。クロックがLのときは、前段のラッチがデータを通過させ後段のラッチは以前のデータを保持しているが、クロックがHに変化すると、前段のラッチはその時点のデータを保持し

図4-3 フリップフロップ回路
(クロックの立ち上がり時にデータを取り込み一周期保持する)

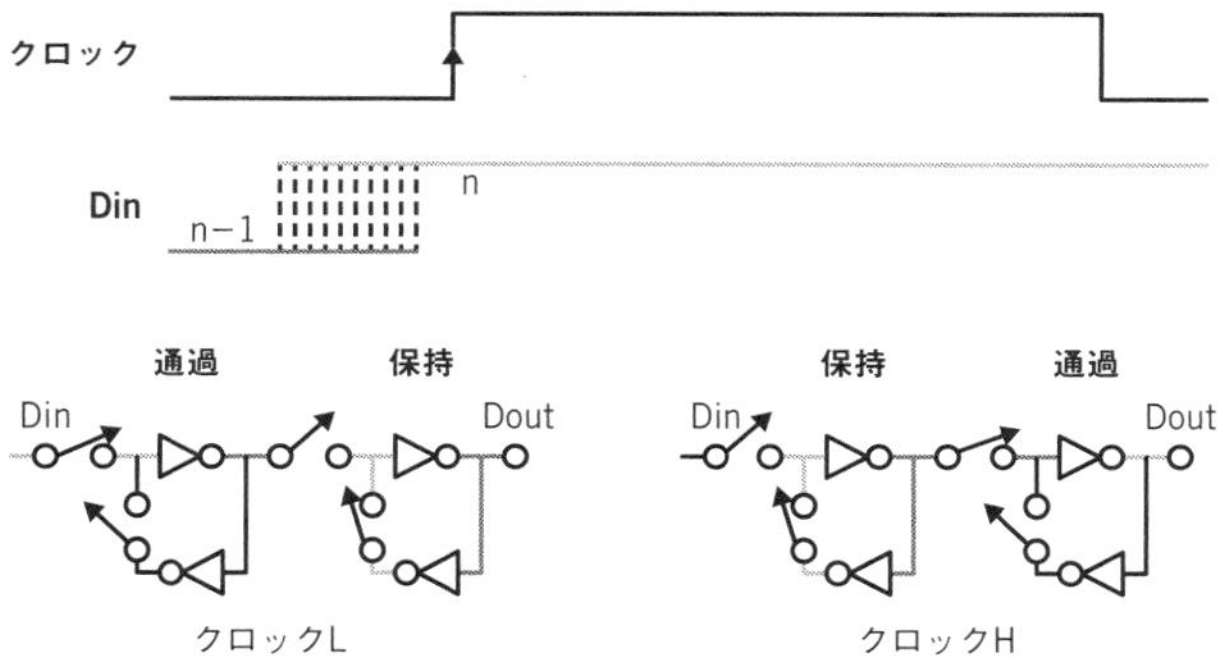

（出所）筆者作成

て後段のラッチがそのデータを通過させるので、この瞬間にデータが一斉にフリップフロップから出力される（図4―3）。

ちなみに、クロックがHからLに変化するときは、前段のラッチが次のデータを通過させるが後段のラッチがそれよりも一瞬早く現在のデータを保持するため、フリップフロップの出力には現在のデータが保持されたままで、次のデータは待たされる。

フリップフロップを使うと、クロックのサイクルごとにタイミングを検証できるので、検証コストを低く抑えることができる。一般のチップはフリップフロップを採用している。

一方、ラッチを用いるとクロックがHの間はデータが通過できるので、どこかのサイクルで遅れが生じても後で挽回できる。しかしタイミング検証は、過去のサイクルまでさかのぼって調べ上げる必要があるため、検証コストが高くなる。プロセッサはラッチを採用している。

非同期設計の再考

チップの性能を高めるためには、精緻なタイミング設計が必要である。論理回路の信号伝搬遅延が素子の製造ばらつきや電源電圧および温度の変動から受ける影響と、クロックを生成したときのゆらぎや分配したときの時差を計算して、目標とする製造歩留まりに必要なタイミング余裕を設計で保証する。

この設計余裕は、デバイスの微細化と電源電圧の低下に伴い増大する。そして、クロックが高速になるほど、タイミングクロージャと呼ばれるタイミング設計のコストも増大する。

同期設計では、一番遅い回路がクロックの周期を決めるので、それ以外の大半の回路は性能に影響しない。一方で、クロックの分配やフリップフロップだけで、電力の1/4から1/2を消費する。

このような同期設計のコストや無駄が顕著になるなか、クロック周波数が1ギガヘルツを超えたころから非同期設計を見直す研究が始まった。アイバン・サザランドが「クロックのないコンピュータ——非同期チップが各回路を可能な限り高速化し、コンピュータの性能を向上させる」という論文を発表したのが2002年である。サン・マイクロシステムズのUltraSPARC Ⅲiの一部に非同期回路が使われた。

サザランドは、コンピュータグラフィックスの父と呼ばれる天才である。彼はチップの設計にも精通している。1999年に論理回路の遅延モデル「ロジカルエフォート」を提唱した。優れたモデルなので、私はこれを授業で教えている。

彼は、電界結合を用いたチップ間接続についても2003年に論文を発表している。私たちが磁界結合を用いたチップ間接続の研究を始めたころだった。2007年に私がカリフォルニア大学バークレー校のMacKay Professorになったとき、教員会議で彼と同席できたことは光栄であった。

閑話休題。非同期回路は二線式論理を用いて、二つの出力が等しい間は計算中であり、出力の一方が変化したときに計算完了の信号と計算結果を次の回路に伝える。

当然、非同期設計は同期回路よりも多くのトランジスタと配線を使うが、同期設計の無駄に比べれば得になるときが来るかもしれない。

私はそれが7nm世代だろうと考えていた。しかし、トランジスタのゲート支配力を高めたFinFETの性能が予想以上によく、7nmでは非同期設計の逆転は確認できなかった。トランジスタの構造改革は今後も続きそうなので、非同期設計が使われる機会はしばらく先になるかもしれない。

ただし、AIで注目されている神経回路網などの布線論理による並列データ処理は、非同期設計に向いている。

（そう言えば、私たちは一瞬どころか何度もためらい、そして誤った判断もしている）

自然界のリズム

1665年のある日オランダの数学者・物理学者・天文学者であるクリスティアーン・ホイヘンス（光の波動説にもとづく「ホイヘンスの原理」の発見者）は、部屋の壁に並べて掛けてある二つの時計の振り子が同期していることに偶然気づいた。一方の振り子が右に振れるとき他方は必ず左に振れる。わざとタイミングを乱しても、しばらくすると必ず同期する。

ところが、二つの時計を離れた壁に掛けると、同期は起こらない。ホイヘンスは、二つの時計の間にごく弱い相互作用が働いていることが原因ではないかと推察した。

この世にはリズムがあふれている。そしてリズムとリズムが出合うと、互いに同期する。たとえば、つり橋を歩くと人々の歩調が思わず重なって橋が大きく揺れる。ロンドンのテムズ川に架かるミレニアム・ブリッジでは2000年に大揺れが発生した。流行や渋滞も同期現象に根差している。

昆虫や細胞にも同期は起こる。東南アジアでは、無数のホタルがマングローブの森に集まって一斉に明滅する。

哺乳類では、脳の視床下部にある視交叉上核で2万個ほどの時計細胞が協調して体内時計をつくり、睡眠周期などのリズムを生み出している。心臓では、1万個ほどのペースメーカー細胞がたゆまず同期発火して、生涯に30億回の心拍をしっかりと刻んでいる。

心を持たない無生物も同期する。超電導状態では、無数の電子が歩調を合わせて進み、電気抵抗がほぼゼロになる。レーザーが強力な光の束になるのも、無数の原子が位相と振動数の揃った光子を放出するからである。

一方、夜空の月にウサギがいつでも見えるのは、月の自転と公転が同期して常に地球に同じ側を向けているからだ。また、太陽系内の惑星の重力が同期して一致することで、小惑星帯から地球目掛けて隕石群が吐き出されることがあり、それにより、恐竜が絶滅した可能性がある。

同期現象は、人間がつくりだしたネットワークや仮想空間にも存在する。高圧送電線網に接続された発電機は、おのずと同期する。回転速度の高い発電機から低い方へエネルギーが流れて速度の調整が行われるからだ。その結果、異常が連鎖して事故につながる。また、インターネットでもルータがホタルのように同期して、トラフィックが急激に変動する現象が以前は見られた。

同期を制御しようという最初の工学的な試みは、１９７８年にロバート・アドラーが著した、発振回路の周波数引き込み現象に関する解析である。

三つ以上の回路の結合同期を最初に試みたのは、おそらく私たちの研究グループだった。２００６年に、一つのチップに集積された四つの発振器の出力を伝送線路で結び、結合同期させることに成功した。次に２０１０年に、四つのチップを積層し、チップ間を磁界結合した状態で集団同期現象を発見し、これを利用して各チップにクロックを正確に分配する技術を開発した。

こうした集団同期現象は、非線形科学によって解明されつつある。

【コラム】 集団同期のモデル

ヒトが感知できるマクロな世界を熱力学の観点から統一的に表現した物理法則が、「エネルギー保存の法則」（熱力学第一法則）と「エントロピー増大の法則」（熱力学第二法則）である。

エネルギーがその姿を変えながらも全体として総量が保存されるというエネルギー保存の法則に対して、エネルギーの質（人類が有効活用できるかという観点での質）が不可逆的に劣化するという事実を補ったのが、エントロピー増大の法則である。

1865年にドイツのルドルフ・クラウジウスによって導入されたエントロピーという概念を原子や分子というミクロな立場から解明したのが、統計力学のパイオニアであるルートヴィッヒ・ボルツマンである。エントロピー増大の法則は、ミクロ状態の乱雑さが不可逆的に増大するという事実を示している。

こう考えると、世界は動から静へ、構造から無構造へ、生から死へと向かい、やがて、ボルツマンの言葉を借りれば「宇宙は熱的死に至る」ことになりそうである。エネルギーの散逸は崩壊を意味するのだろうか。

いや、そうではない。ベルギーの化学者であるイリヤ・プリゴジンが「散逸構造」という概念を打ち出した1967年頃から、エネルギーの絶え間ない散逸（崩壊）のなかから構造（創造）が立ち現れるという秩序の仕組みが解明され始めた。

つまり、エントロピーの生成を促し、構造や運動の消失へと向かわせる力が、同時に構造や運動を生み出す駆動力にもなっているのである。

たとえばろうそくを燃やすと、熱を周囲に放散し、周辺空間に温度の高低による構造をつくる。この構造は熱の四散、つまりエントロピーの増大とともに崩壊へ向かうが、放散した熱がおのずとかき集められて構造をつくることは決してない。その一方で、燃焼によって生じるエントロピーを空気中に排出し続けることで、炎という構造が創造されているのである。

炎を消してエントロピーの生成を終えた後は熱平衡になる。しかし、ろうそくはその形を保持し、熱的死と呼ぶような世界は、直ちには訪れない。

熱の移動が生じないように、ろうそくや周辺のものには限られたエネルギーが分け与えられる。その制約下でエントロピーが最大になるように生成しつくされた後は、それぞれの物質内の原子や分子は静まり、形状や特性といった個性を保持する準安定状態になる。再びろうそくに火をともせば、エントロピーの生成とともに炎がつくられる。

炎とともに放出されたエントロピーは、地球に溜まるのだろうか。地球は主に太陽光からエネルギーを受け、赤外線によってエントロピーとエネルギーを宇宙空間に放出している。また、上空と地表と地中深くの温度差が駆動力になって、エネルギーの循環とエントロピーの放出を効率的に行っている。

◇◇◇◇◇◇◇◇

大学で学ぶ物理や工学は、線形システムを扱う。線形システムの特徴は、構成要素の性質の単純な合成である「線形結合」からシステム全体の性質が理解できることにある。つまり、部分の総和はまさに全体そのものである。

だからこそ、非常に大規模で複雑な問題でも細切れにして問題を個別に解き、そこで得られたささやかな答えを組み合わせて全体像を知ることができる。たとえば分子がまったく独立に運動する気体は、線形な統計力学で扱える。

ところが、固体や液体では分子間に強い相互作用が働くのでそうはいかない。しかし、それでは問題が複雑すぎて歯が立たないので、線形近似を選択している。小さな変化の範囲内では「気体」として扱うことができるので、その気体の性質から固体や液体の性質を推量しているのである。

多くの場合、物質はミクロな要素の非線形

な集合体であり、要素と要素の相互作用を無視できない。その結果、入力が小さい間は線形システムだが、入力が大きくなると非線形になる。

たとえばバクテリアの集団を考えると、バクテリアの総数が増えて栄養物が枯渇してきた場合、その増殖は頭打ちになる。あるいは、増幅回路の出力が電源電圧を超えてまで入力に対して比例であることは望めない。

無線工学で学んだように、非線形システムに正弦波を入力すると、出力には高調波や相互変調された新しい波が出現する。あるいは、水が凍ったり金属が超伝導性を示したりするように、突然、空間的秩序が生まれたり物質の性質が大きく変化したりする相転移現象が現れる。新しいものを生み出すこうした現象は、構成要素間の緊密な相互作用から生まれるのである。

こうした複雑な非線形現象の解明に欠かせないのは、コンピュータ・シミュレーションという力技と、本質以外をすべて削ぎ落とした数理モデルを立てるという洞察力である。

非線形要素の集団は、どのようにして同期するのか。指揮者も環境からの合図もなくて、どのように集団は同期できるのか。

当初、同期現象の研究は、生物学者をはじめ、社会学者、物理学者、数学者、天文学者、工学者によって、それぞれの研究分野で独立して行われていた。やがてこうした研究成果を吸い上げて、同期現象の科学は結合振動子の研究へと収斂《しゅうれん》し、多数の結合振動子が影響を及ぼし合う非線形科学へと発展したのである。偉大な数学者や物理学者たちがこの難問にどのように取り組んできたかを振り返りながら、同期現象（引き込み現象）の機構を探ろう。

◇◇◇◇◇◇◇◇

集団同期の解明に最初に取り組んだのは、米ＭＩＴの数学者であり、サイバネティックスの提唱者であるノーバート・ウィーナーである。

彼は、アルファ波を脳のマスタ・クロックだと直感していた。バラバラなリズムを持つニューロンが結合することで、周波数の引き込み現象が生まれるという仮説を立てた。

しかし、彼はそれを証明することなく、1964年にこの世を去る。その翌年に、米コーネル大学の一人の学生が、その問題に迫るための数学的手法を突き止める。その学生が、理論生物学者のアーサー・ウィンフリーである。

ウィンフリーの仕事を紹介する前に、1975年に米ニューヨーク大学の応用数学者であるチャールズ・ペスキンによって提唱された心臓ペースメーカー・モデルを説明しよう。

ペスキンは、ペースメーカー細胞の細胞膜の電位振動を発振回路に見立てた。細胞膜の漏出チャネル（抵抗）を介して細胞膜（容量）が充電され、電位がある閾値《いきち》を超えた途端に発火して放電するという非線形モデルである。

ペスキンは、振動子が等しい強さで結合し、発火の瞬時にのみ相互に影響するモデルを立てた。つまり、一つの振動子が発火したとき、それによって直ちに他の振動子の電位が一定量跳ね上がる。それによって閾値を超える細胞が出てくれば、その細胞も直ちに発火する。しかし、こうしたインパルスによって相互作用する大規模な振動系を、当時の数学は扱えなかった。そこで、2個の同一振動子の微弱な結合に限定して、振動子は必ず同期することを証明したのである。

さて、ウィンフリーは、ペスキンのモデルをさらに抽象化して本質だけを残した結合振動子の数理モデルをつくった。それは、おおむね以下のようなモデルである。

円周を二つの振動子が同じ方向に同じ速度で回っている。二つの振動子の間には引力もしくは斥力が働く。この相互作用は、二つの振動子の位置、つまり位相で決まる非線形な力である。相互作用で二つの振動子は速度を変え、やがて順位相もしくは逆位相で同期する。つまり、相互作用が引力の場合には二つの振動子が同じ位相になり、斥力の場合には180度ずれた位相になる。

もし二つの振動子のもともとの速度が違っていたら、0度もしくは180度の位相差に近いところで安定するだろう。そのずれは相互作用の大きさで決まる。相互作用が強いほどずれは小さく、相互作用が、ある値よりも小さいと同期現象は現れない。

次に、振動子の数を増やし、集団に対して各振動子が移動する速度の関係を方程式に記述する。ある時点での振動子の速度は、以下の三つの要素で決まると考えた。第一は、振動子固有の周波数に比例した速度。第二は、外部からの影響の総体に対する感度。これは、注目する振動子の位置によって決まる。第三は、他の振動子すべてによって及ぼされる総体的な影響。これは、他のすべての振動子の位置によって決まる。

この方程式は、非線形連立方程式になる。解析的には解けないが、シミュレーションで集団の挙動を再現することは可能である。まず、全振動子の位置を与え、方程式で振動子の瞬間速度を計算し、次の瞬間の振動子の位置を求める。この計算を何度も繰り返すことで、振動子の運命を予測できる。

ウィンフリーは、感度関数と影響関数の組み合わせを変えてシミュレーションを繰り返すうちに、いくつかのことに気づいた。たとえば、自発的に同期する場合と同期を崩す場合があるということだ。さらに、自発的に同期する場合は、その過程で中核となる欠くべからざる振動子はないということである。

そして、最も重大な発見は、集団の均質性を高めていくと、ある臨界点を越えたところから突如として集団が同期するということでである。それはちょうど、水を冷やすと相転移して氷に変化するのに似ている。

相転移は、秩序をつくりだそうとする作用と、それを壊そうとする作用の優劣関係が逆転することで、突如出現する。周波数分布の幅を温度だと考えると、水分子に対応する振動子が相互作用によって「凝固」つまり同期して、マクロな時間的秩序が現れるのである。

こうしてウィンフリーは、非線形力学と統計力学という二つの学問体系の間に重要な架け橋を渡すことになる。ウィンフリーは、1980年に「生物学的時間の幾何学」を発表する。

ウィンフリーの偉業で新しい学問の扉が開き、才能あふれた科学者たちが次々と出現した。

京都大学で物理学を教える蔵本由紀《よしき》は、ウィンフリー・モデルを改良した蔵本モデルを提案し、シミュレーションではなく、解析的に厳密解を求めた。コーネル大学で応用数学を教えるスティーブン・ストロガッツは、パルス結合した生物振動子の解明を進めるとともに、教え子のダンカン・ワッツとの共著で「小さな世界《スモールワールド》」理論を発表し、非線形科学を社会ネットワークの領域に発展させた。

V

民主主義 More People

1　タイムパフォーマンス――Time is money

コストパフォーマンスとタイムパフォーマンス

「コスパがいい」という表現をよく耳にする。コストパフォーマンスは、半導体事業でも最も重視される指標である。

しかし、最近「タイムパフォーマンス」も重要だと考えるようになった。その理由は二つある。

一つは、社会が資本集約型から知識集約型に変化するからである。

日本は、戦後復興で工業立国を目指し、さらに半導体技術で電子立国を目指した。工業社会（Society3.0）と情報社会（Society4.0）は、資本集約型社会である。大きいことがよく、規格大量生産、大量消費が奨励された。しかし、環境への負荷が増大するにつれて成長の限界も明らかになった。

日本では、少子高齢化が急速に進展している。私たちが目指す新たな社会は、「人間中心の社会（Society5.0）」。つまり皆で知恵を出し合う社会である。

知恵が価値を生む社会、すなわち知価社会は、個を生かす社会でもある。持続可能な成長戦略を立て、総活躍社会を目指すことが、日本の新しい戦略だ。

そのための駆動力が、デジタル革新である。期せずして新型コロナウイルスの感染拡大がデジタル革新を加速している。**デジタル革新はプラットフォームづくりから始まる。その際にスピードが勝負を決する。**

資本集約型社会では、材料が資源でモノが価値だ。つまり、材料から部品をつくり、製品に仕上げる。そこに、サービスやデザインやマーケット戦略といった知恵が加わり、社会実装される。半導体は部品である。部品は安くなければならない。

一方、知識集約型社会では、データが資源で知恵が価値だ。つまり、ＩｏＴと５Ｇで集めたデータをＡＩで分析し、サービスやソリューションに仕上げる。そこに半導体の力が加わり社会実装される。

つまり価値づくりの主客が転換して、半導体の役割はより高い価値にシフトしたのである。**半導体事業もかつての部品事業から社会実装事業に脱皮しなくてはいけない。新しい戦略が必要だ。**

タイムパフォーマンスが重視されるもう一つの理由は、半導体が産業のコメから社会のインフラになるからである。

資本集約型社会では、資源である材料を運ぶ道路、港湾、鉄道、空港が社会インフラであった。しかし、知識集約型社会ではデータが資源であり、社会インフラは情報ネットワークになる。情報ネットワークを支えるのは半導体だ。

部品としての半導体事業では、コストパフォーマンスが重視された。テレビやＰＣやスマホといった民生品は数年ごとに買い替え需要があるので、コスパの高いデバイスが後から出ると消費者は買い替える。つまり、コストパフォーマンスが重要となる。

しかし、通信機器やロボットといった産業品は10年は買い替え需要がないので、後からコスパの高いデバイスが出ても事業者は買い替えない。結局、先に市場に出たデバイスが広く使われることになる。

このようにSociety5.0時代の半導体事業は、タイムパフォーマンスが重要となる。「タイ

ム・イズ・マネー」である。タイムは開発効率で決まり、パフォーマンスは電力効率で決まる。

ポスト5Gに求められる半導体

5Gでは、多様なサービスやユースケースに対応できるように、基地局のソフト化が求められる。すなわち、汎用サーバーの上で機能を仮想化したりスライシングしたりすることで、ネットワークを柔軟に構築できることが必要となる。

一方、5G以降は、電波が飛びにくくセル範囲が狭くなるので、基地局の小型化が求められる。つまり、多くの基地局を都会に安く設置するためには、電力と容積と重量を小さくしなければならない。通信事業者の目標は、「**5ワット、5リットル、5キログラム**」である。

小型基地局では十分な電力を使えないので、サーバーの性能を抑えざるを得ない。不足する性能を補うためには、電力効率の高いハードウェアアクセラレータが必要になる。FPGAやASICを搭載したネットワークカードをサーバーに装着して、演算量の大きな定型処理はハードウェアに任せることになる。

このように、5Gから汎用サーバーが導入されるとしても（実際、4G以前はASICを

表5-1　5G基地局ハードウェアのタイムパフォーマンス
RaaSではアジャイル3D-FPGAとアジャイル3D-ASICを研究開発する

	サーバー	FPGA	ASIC	アジャイル3D-FPGA	アジャイル3D-ASIC
開発期間	—	6カ月	14カ月	1カ月	6カ月
開発費用	—	10億円	45億円	2億円	15億円
製造費用（10万台）	500億円	200億円	4億円	250億円	5億円
電力	50W	30W	6W	15W	3W
容積	3L	2L	1L	1L	0.5L
重量	10kg	1kg	0.04kg	0.5kg	0.01kg

（出所）筆者作成

用いた専用ハードを使っていた）、性能と**コストを決めるカギはＦＰＧＡやＡＳＩＣである。**

汎用サーバーにＦＰＧＡやＡＳＩＣをアクセラレータとして装着した場合、どれだけの費用と電力、容積、量が追加で必要になるかを試算した。結果を表５－１にまとめる。想定した条件を変えれば値も変わるが、相対比較はできる。

電力制約下で引き出せる性能をサーバーとＦＰＧＡとＡＳＩＣで比較すると、$\frac{1}{50}$：$\frac{1}{30}$：$\frac{1}{6}$、おおよそ１：２：８となる。性能を引き出すにはＡＳＩＣが極めて有効である。ＣＰＵやＦＰＧＡの電力効率が悪い理由は、プログラムできるようにするための回路が相当余分に必要だからである。過去のソフトウェアも使えるようにするには、さらに歴史の垢《あか》が回路に積もる。

しかし、少量生産のASICはコスト高が懸念される。7nm以降はマスク代だけでも10億円かかり、EUVリソグラフィ（極端紫外線露光技術）は装置の減価償却が終わるまで高いだろう。それでも10万個も生産すれば、サーバーの値段の1/10となる。つまりサーバーの利益率はそれだけ高いのだ。

近年、汎用チップを用いずに専用チップ（ASIC）を開発するように世界の潮流が変化した理由は、電力とコストの削減が目的である。すなわちコストパフォーマンスがいいからだ。ASICをつくった方が、性能はいいしコストも下げられるからである。

かつては、通信機器メーカーも積極的にASICを開発した。1990年代にはトランジスタ数が10万個程度だったので、数カ月でASICを開発できた。しかし今はトランジスタ数が10億個に増えたので、設計だけでも1年以上かかる。

つまり、集積度が高くなり、設計・検証にかかる期間を許容できなくなったことが、ASICの課題である。加えて、日本ではASICの設計能力が失われつつあることも問題となっている。半導体産業の斜陽化による人材の流出・損失は痛手である。

通信はインフラ事業なので、事業継続性が最も重要となる。周波数割り当ての既得権益を持って安定して事業を行うことができる通信事業者が、仕様を決めて複数のベンダーを競わせる。ベンダーは、厳しい国際競争にさらされて、M&Aの果てに少数の巨大メーカーだけが生き残る。しかし、昨今の経済安全保障のためのサプライチェーン確保の流れが、こうした産業構造の見直しを求めている。

ベンダーの競争は、仕様が決まってから市場投入までのリードタイムの短さで決すると言える。通信機器事業では、最初に装置を発売した会社がシェアをとることが多いからだ。

タイムパフォーマンスはＡＩでも重要だ。なぜなら、ＡＩの技術進歩は速く、数年前のＡＩは誰も使わないからである。

コンピュータを駆使する

通信事業者の人から次のような話を聞いた。「ビジネス習慣の違いもあるのだろうが、中国のメーカーはFPGAを2カ月で設計するのに対して、日本のメーカーは6カ月以上かかる。そこで、どうして中国は2カ月で設計できるのかを視察に行ったら、人海戦術だった」

日本がとるべき戦術は、人海戦術ではなくコンピュータを駆使して人を介在させないこと、つまり"No human in the loop"である。

RaaSでは、**タイムパフォーマンス**を追求して、開発効率10倍かつエネルギー効率10倍を目標に研究開発する。

開発効率10倍を目指して、**アジャイル設計プラットフォーム**（表5－1の**アジャイル3D-FPGAとアジャイル3D-ASIC**）を研究開発し、RISC-Vなどのオープンアーキテクチャを国際連携で展開する。コンピュータを駆使して、人が介在しない全自動の設計・検証でミスの入る余地をなくす。

同時にエネルギー効率10倍を目指して、3D集積技術を研究開発し、TSMCとの連携で先端CMOSを活用する。チップを積層して同一パッケージ内に集積することで、データの移動距離を桁違いに短くし、エネルギー効率を大幅に改善する。

この戦略は、アメリカ国防高等研究計画局（DARPA）のプロジェクト「エレクトロニクス復興イニシアティブ：ＥＲＩ」の戦略と共通点が多い。異なるのは、日本が得意な３Ｄ集積と組み合わせた点である。つまり、ＥＤＡ×３Ｄ集積でアジャイル設計プラットフォームを創出する。

日本の通信事業者は、チップ設計をクアルコム（米）、メディアテック（台）、ブロードコム（米）、ハイシリコン（中）に外注している。海外のチップ設計会社に頼らなくても、チップユーザーがコンピュータで先端チップの設計をできるようにすることが、私たちの目標である。

2　アジャイル開発――ＡＩ時代のチップ開発法

ウォーターフォールモデルからアジャイルモデルへ

システムやソフトウェアの開発は、従来ウォーターフォールモデルが主流だった。最初に仕様と計画を決定し、計画に従ってトップダウンに開発・実装していく手法である。前の工程には戻らない前提なので、下流から上流へは戻らない水の流れにたとえてウォーターフォールと呼ぶ。

これと逆のアプローチ、つまり小さな単位で実装とテストを繰り返して開発を進める**ボトムアップの手法がアジャイル開発である。**２００１年に新たな手法として登場した。ウォーターフォールモデルに比べて開発期間を短縮できることが多く、「素早い」「機敏」という意味でアジャイルと呼ばれている。

開発途中でも仕様の変更や追加が可能な点もアジャイル開発のメリットである。一方で、開発の方向性がブレやすい、全体像を把握しにくくスケジュール管理が難しい、というデメリットもある。

開発途中に仕様や設計の変更は当然あり得るという前提に立てば、計画段階で厳密な仕様を決めるのではなく、だいたいの仕様だけを決めておき、途中で変更があった場合に臨機応変に対処できる柔軟性を備えた方が、顧客のニーズに応えることができる。

だいたいの仕様と計画を決めたら、システムを小さな単位に分けて、「計画」「設計」「実装」「テスト」を行いながら、1～4週間程度の期間内で機能のリリースを繰り返す。

一方、チップの設計はトップダウンである。

図5-1　ソフトウェアを書くようにセットメーカーがチップをアジャイルに開発する

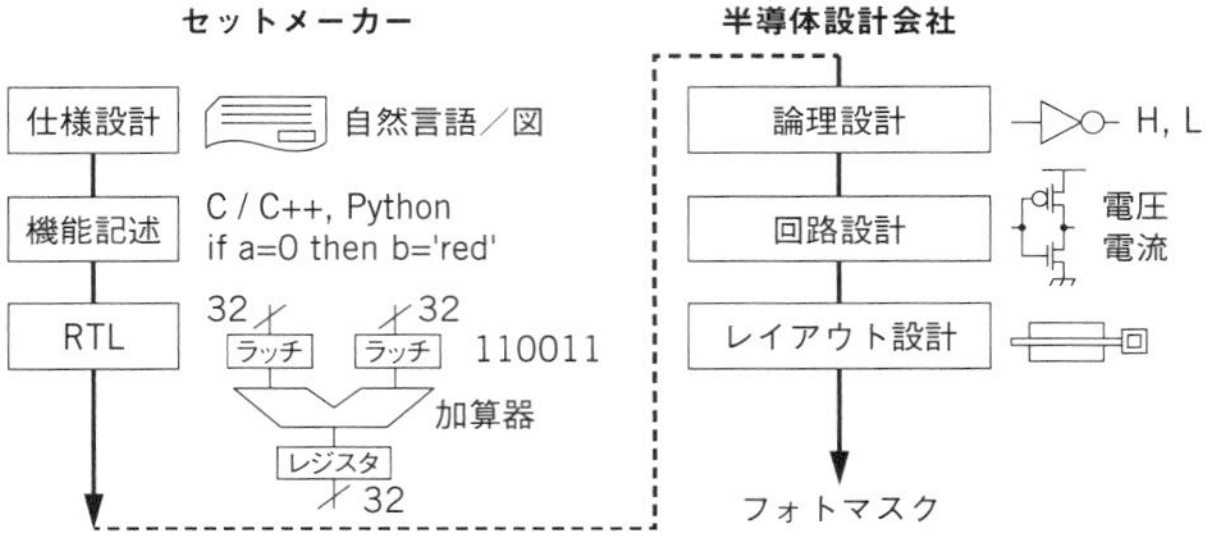

（出所）筆者作成

文章と図で表された仕様書をVerilog《ベリログ》などのハードウェア記述言語で書き、さらに処理手順をクロックサイクルごとに分解したRTL（レジスタ転送レベル）記述に書き下す。そして、論理設計、回路設計、レイアウト設計を経て、最終的にはフォトマスクの幾何学的模様を描く。このようにチップの設計は、抽象度を順次下げていく変換作業である（図5−1）。この変換はchatGPTで自動化できる。

チップのユーザーであるセットメーカーがRTLまでを設計し（フロント・エンド設計）、半導体設計会社が論理設計以下（バック・エンド設計）を行う分業体制ができている。

設計効率を上げるためにコンピュータを利用した自動設計が、情報量の格段に多い下流から順次導入されてきた。1970年代にマスク設計、80年代にレイアウト設計、90年代に論理設計が自動化された。システム設計を自動化する高位合成も1990年頃から研究が始まり、2010年頃から一部で実用が始まっている。

しかし、システム設計の効率を上げる一般的な方法は、RTLの再利用だ。プロセッサコアやメモリコントローラのような汎用の機能は、設計資産（IP）として流通している。また、専用回路のRTLも最初からつくるのではなく、過去に設計したRTLを再利用して組み上げる。

それでも最近の大規模なチップ、たとえばアップルのプロセッサA12には69億個のトランジスタが集積されているが、こうしたチップの開発には数百人のエンジニアを配しても数年の歳月を要する。そして開発費は数百億円にも及ぶ。

集積度は指数関数的に増大している。従来の開発方法はそろそろ限界が来る。

加えて、AIが登場した。AIは日進月歩で進化しており、前年の技術は見劣りする。年単位の期間と数百億円の費用を要するチップ開発は、リスクが高すぎるのだ。

チップのアジャイル開発

私たちは、チップのユーザーが行うシステム設計・検証にもアジャイル開発の手法を適用できると考えている。

システムを小さな単位に分けてC/C++やPythonで記述した後に、高位合成ツールでRTLを自動生成しながら、ボトムアップにシステムを組み上げるのだ。ソフトウェアを書くようにチップをアジャイル開発できるので、セットメーカーの開発期間と費用を大幅に短縮でき、開発リスクを軽減できる。

高位合成ツールは、回路性能とレイアウト面積を変えたさまざまなRTLを一瞬に生成できる。これを用いて性能と面積のトレードオフを探索しながら最適なRTLを設計し、次にFPGAに実装したり、あるいはASIC用のシミュレータでテストしながら、短期間で機能のリリースを繰り返すことができる。

従来の手法では、設計者が仕様を深く理解したうえでブロック図を描き、各ブロックの性能や信号接続の混雑度などを綿密に計算してから設計に着手していた。しかし設計の初期段階で性能や面積を見積もることは難しく、勘と経験に頼ることになる。そして何より、システムが複雑になると人手に負えなくなる。

アジャイルな開発手法では、小さな単位に分けた機能ブロックをコンピュータが自動設計と検証を繰り返しながらリリースしていく。その作業をchatGPTは自動化できる。

リリースされた機能ブロックをボトムアップに組み上げていくのも、コンピュータで自動化できる。高位合成を用いれば、各機能ブロックに分散して制御機構を持たせることができるので、機能ブロックを接続して全体の制御を組み上げることができるからだ。

つまり、**ソフトウェアの並列分散プログラムのように、機能ブロックを組み上げて大規模なチップをつくることができる。**

C/C++やPythonで記述すると、RTL記述に比べて行数を1/100に短縮できる。したがって設計者が検討やシミュレーションをするのに要する労力や時間を桁違いに短縮できるのだ。

高位記述では回路構造をパラメータで表現できるので、より幅広い実装ができるとともに、実装範囲、つまり機能、性能、インターフェースプロトコルの設定幅をあらかじめ把握できる。

加えて、設計記述と双対関係にある検証モデルを一緒に用意しておけば、変更範囲の確認が容易になるだけでなく、設計と同時に検証環境を効率的に組み上げることができる。つまり、設計と検証の両輪にまたがったアジャイル開発ができるのである。

この手法では、専用の制御回路で機能ブロックを接続するので、エネルギー効率を高くできる。IPをCPUバスに接続してCPUが中央制御する従来の方法では、5G（通信）やH.265（動画圧縮）やWPA2（暗号）のような複雑な処理に対して高い性能を引き出すことができない。

また、従来手法では別のプロジェクトでも再利用するつもりでRTLを設計するので、必要以上に高性能な回路を設計しがちだが、高位合成を用いるとプロジェクトごとに最適な性能と面積の回路をその都度自動生成できる。

分割統治法（Divide and Conquer）

カリフォルニア大学バークレー校のCADの授業で最初に学んだのは、分割統治法（Divide and Conquer）だった。複雑な問題でも、同様の小さな問題に分割しそれぞれを解決したうえで組み合わせれば、解決策を導けるという考え方だ。コンピュータアルゴリズムの多くが、この思想で設計されている。

問題の分割、解法、結果の組み合わせは、再帰的手法で行う。その結果、計算時間が飛躍的に短縮される。

たとえば、並び替えのアルゴリズムの計算量Oを比べよう。計算量Oは入力サイズnに応じてどのように変化するだろう。最も単純なバブルソートという手法ではOはn^2に比例するのに対して、分割統治法を用いたクイックソートだとOは $n\log_2 n$ に比例し、大幅な短縮となる[36]。一例を挙げると、nが1000のとき計算量は約1/100、つまり約100倍計算が早くなる。

AI時代に求められるのは素早い試行錯誤だ。 大量のデータをAIで分析してモデルを見つけ、そのモデルを素早く実装してさらにデータを集めて分析し、改善を繰り返す。こうした試行錯誤を手際よく行うことが、肝要である。

アジャイルと大規模設計、この背反する制約下でAI時代に合ったチップ開発法を創出しなければならない。

アジャイル開発においてもデータ収集においても、中国から学ぶところが多くなった。そう言えば、中国からの留学生がよく私に「先生、念入りに準備しすぎよ」と言っていたのを思い出す。

3 シリコン・コンパイラー
――ソフトウェアを書くようにチップをつくる

シリコン・コンパイラー1・0

コンパイラーは、ソースコードをオブジェクトコードに変換するソフトウェアである。ソースコードは人間の言葉に近い高級言語で記述されているので、そのままではコンピュータが理解できない。そこで、コンパイラーを使って機械語のオブジェクトコード、つまり実行バイナリに変換する。

同様に、ハードウェアの仕様をシリコンチップに変換するソフトウェアをシリコン・コンパイラーと呼ぶ。たとえば、ハードウェア記述言語の Verilog をシリコンチップ上の回路形状データGDS-Ⅱに変換するのだ。

1979年にカリフォルニア工科大学のディブ・ヨハンセンが「ブリストルブロック：シリコン・コンパイラー」という論文を発表した（ブリストルブロックとは、ブラシ状になっていて、どんな位置でもかみ合わせることができるブロック型のおもちゃのこと。見た目は半導体に似ている）。カーバー・ミードとリン・コンウェイがＶＬＳＩ設計の教科書『超ＬＳＩシステム入門』（邦訳は培風館刊。私たちはこの教科書に魅了されてＶＬＳＩの世界に身を投じた）を著した年だったので、シリコン・コンパイラーはごく自然な発想だったのだろう。

ヨハンセンの指導教授はミードであった[37]。ミードは１９８２年に「シリコン・コンパイラーとファウンドリが、ユーザー設計によるＶＬＳＩの案内役となる」と題する論文のなかで、シリコン・コンパイラーとファウンドリで専用チップをつくる時代を予見している。

ヨハンセンは、１９８１年にエドモンド・チェンとシリコン・コンパイラーズ社を創設した。同社のＧＥＮＥＳＩＳを使うと、メニューを選択しながら従来の１／５程度の短期間でチップを設計することができた。ディジタル・イクイップメント・コーポレーション（ＤＥＣ）はそれを MicroVAX というミニコンの開発に用いたそうだ。

しかし、それ以外には大きな成功を収めることはなく、同社はやがて身売りされた。シアトルシリコンテクノロジーという会社もシリコン・コンパイラーを開発していたが、成功しなかった。

シリコン・コンパイラーは、今日もまだ実用化されていない。なぜだろうか。ソフトウェアはバグがあっても後でパッチを当てて修復できるが、ハードウェアは直ちに修正しなければいけない。また、ソフトウェアの性能はハードウェアとともに進化すると考えるが、ハードウェアの性能は完成時に仕様を満たすべきだと考える。つまり、ハードウェ**アはソフトウェアよりはるかに設計が難しく（ハードで）、開発リスクが高いのだ。ワンクリックでコンパイルすることは、ソフトウェアの世界では当たり前でもハードウェアの世界では夢物語だ。**チップ設計ツールの大手であるシノプシスやケイデンス・デザイン・システムズも「コンパイラー」と名付けたツールを開発しているが、それは熟練した技術者が使うツールである。ソフトウェアを書くようにチップをつくることは夢のまた夢だった。

シリコン・コンパイラー2・0

最近シリコン・コンパイラーに対する期待が再び高まっている。その理由は以前とは異なる。

設計はＰＰＡ（パワー、パフォーマンス、エリア）の最適化である。かつてはエリア、つまりチップのコストが最優先だった。やがてパフォーマンス、つまりチップの動作速度が重要になり、そして現在ではパワーが最優先となった。なぜなら、チップの電力が上限に達しているので、電力効率を高めたものがその分だけチップの性能を引き出せるからだ。つまり、チップの性能は電力効率で決まる。

何でもできる汎用チップに比べて無駄な回路を削ぎ落とした専用チップは、電力効率を桁違いに高くできる。しかし専用チップの生産量は汎用チップに比べてとても少ないので、開発費がチップコストに大きく計上される。

チップの設計技術はムーアの法則に追い付かず、開発費は近年急増している。１００億円にも達する勢いだ。仮に開発費が１００億円で製造費が１個１０００円のチップを１０００万個製造する場合、チップコストの半分は開発費になる。つまり、開発費を１／10にできれば、エリアが１・５倍になっても、25％コストダウンできるのだ。

かつては開発費が十分に小さかったのでエリアが最優先されたが、現在は開発費が急増しているのでその低減が求められている。また、費用だけでなく開発時間の短縮も、技術の変化が速い現代ではリスクの低減につながるので必要となる。

パワーを桁違いに削減できるＡＳＩＣを、パフォーマンスやエリアが多少悪くてもコンパ

図5-2　シリコン・コンパイラーでソフトウェアを書くように専用チップをつくる

（出所）筆者作成

イラーで低コスト・短時間に開発できれば、利益を出せるのだ。そしてチップの開発数が増えれば、相乗り試作サービス（MPW：マルチ・プロジェクト・ウエハー）を利用して、10億円もするマスク代を1000万円に抑えることも可能だ。

さらに高位合成と組み合わせれば、Cでチップを記述できる。チップ設計者のコミュニティがソフトウェアの設計者のように拡大する。ハードウェアの世界にもオープンソースのビジネスが根付けば、ビジネスエコシステムのネットワークが重層的に拡大・発展して、マスコラボレーションも可能になるだろう。そうなれば、まさにソフトウェアを書くようにチップをつくることができる。

d・labは、高位合成でCからVerilogを合成し、3D-FPGAでシステム設計・検証を行った後に、VerilogからGDS-IIをコンパイルしてASICを開発する設計プラットフォームを研究開発する。

私たちの目標は、シリコン技術の民主化である。システム開発者が直ちにASICをつくれることが目標となる。そのために、シリコン・コンパイラーで開発効率を10倍高め、ソフトウェアを書くようにチップをつくることを目指す（図5―2）。

ルネサンス

1986年。私は東芝でシリコン・コンパイラーズ社との協業を探っていた。その仕事で出会ったのがトム・ホーだ。後に私の無二の親友となる人物である。

トムはマカオからカリフォルニアに移住してバークレー校を卒業した。インテルで80286（CPUの名称）の設計主任を務めた後に、エドモンドの誘いでシリコン・コンパイラーズ社に入ったのだ。私たちが出会ったとき、彼は31歳で私は27歳だった。

サンノゼのモーテルで、私たちはノートに回路図を描きながら、時が経つのも忘れて回路の議論をした。ＳＲＡＭのセンスアンプには入出力を短絡したインバータがベストだと、トムから教わった。私がその後１９９１年に発表したＡＢＣ（自動バイアス制御）回路は、このときの議論がきっかけとなり、やがてアイデアとして結実したものだった。

トムに回路はどこで習ったのかと聞くと、バークレー校の授業でカルロ・セカンに教わったと答えた。そこで、私がバークレーに行きたいと言うと、彼はＧＥＮＥＳＩＳの分厚いマニュアルを携えながら、片道１・５時間かけて私をバークレーまで連れて行ってくれた。

１９８８年に私はカリフォルニア大学バークレー校に留学した。そのときのホストが、デイビッド・パターソンとＲＩＳＣ-Ｉを開発したカルロ・セカンだった[38]。バークレー校は、１９７０年代にドナルド・ピダーソンが回路シミュレータのＳＰＩＣＥ《スパイス》を開発し、80年代はリチャード・ニュートンやアルバート・サンジオバーニ＝ビンセンテーリやロバート・ブレイトンが、自動レイアウトや論理合成の研究を牽引していた。シノプシスやケイデンスといった会社も次々と誕生して、実に華やかな時代だった。２０００年頃からＥＤＡの市場は徐々に飽和状態となり、技術進歩もゆるやかになった。

最近、バークレー校で学生がＲＩＳＣ-ＶをChiselで書き、1カ月ごとにテープアウトを繰り返している話をよく聞く。**私はＥＤＡのルネサンスの香りを感じている。**

トム、シリコン・コンパイラーをもう一度やらないか！

4　半導体の民主化――アジャイルX

アジャイルX

エレクトロニクスに続く技術は何か？　スピントロニクスか、フォトニクスか、それとも……。

省エネ・高性能な半導体創生に向けた新たな切り口（〝X〟）による研究開発と将来の半導体産業を牽引する人材の育成を目指した文部科学省の事業「次世代X-nics《エックスニクス》半導体創成拠点形成事業」が公募された。

私たちは以下の提案を携えて応募した。

次世代の技術が何であれ、それは半導体技術を活用して迅速に社会実装されるべきである。つまり、迅速《アジャイル》こそが新しい切り口〝X〟である。

この提案は採択されて、「Ａｇｉｌｅ《アジャイル》‐Ｘ《エックス》〜革新的半導体技術の民主化拠点」事業が東京大学で２０２２年に始動した。

専用チップの課題は開発効率である。設計に１００人で取り組んでも1年かかる場合がある。さらに製造に4カ月かかる。そして50億円を超える開発費用が求められる。開発の期間と費用は、集積度とともにうなぎ上りである。

その結果、日本では専用チップを開発できる企業が年々減少し空洞化が始まっている。日本に半導体の新工場を建設しても、それを利用するのが海外企業だけならば、日本のデジタル産業に直接、資することができない。設計力を強化すべきなのだ。

そもそも開発に1年半も要すること自体が、デジタル時代の成長戦略と整合しない。

ハードウェアとソフトウェアを高度に融合させることの重要性は、アラン・ケイやスティーブ・ジョブズなど多くのリーダーが前々から指摘してきた。

しかし、ソフトウェアはバージョンアップを繰り返すのに、ハードウェアは素早くアップデートできないから、両者を高度に融合させることはとてもできない。

「ソフトウェアのようにアップデートできるチップを考え出してくれないか」

大手電機メーカーの経営者から真顔でそう言われたことがある。

つまり、プログラムを書くようにチップを設計し、プログラムをコンパイルするようにチップを試作したい。この夢の実現を目指すのがアジャイルXである。

チップ開発の期間を1/10に、その費用を1/10に短縮できるプラットフォームを開発できれば、専用チップを設計できる人口が10倍に増えて、チップが民主化されるに違いない。

しかし、本当にそんなことができるのだろうか?

必要なのは発想の転換である。産業界の技術体系は規格大量生産を志向したものである。それより優れたものはできないだろうが、それと違うものはつくりだせる。すなわち多品種少量生産を志向した新しい技術体系である。

まず、設計はコンピュータで全自動化する。"No human in the loop" つまり設計サイクルのなかに人を参加させないのだ。

当然、プロの設計者が時間をかけて設計した性能には及ばないだろう。

しかし、80点主義でよい。

時間をかけて100点満点に仕上げるよりも、設計期間を1/10に短縮することの方が重要だ。デジタルの時代には、タイム・イズ・マネーなのである。コストパフォーマンスよりもタイムパフォーマンスである。そのために必要になる高位合成技術は、日本に一日の長がある。

次に、試作をセミカスタム製造で素早く行う。

これは、洋服をフルオーダーでつくる代わりにイージーオーダーでつくるのに似ている。具体的に言えば、トランジスタまではあらかじめつくっておき、配線で専用回路に仕立てるということだ。

汎用でよければ、チップの数が100個の場合、1枚のウエハーの1/10の価格、つまりおよそ数十万円で最先端のトランジスタを購入できる。

そして、配線だけならば、1カ月で製造できるだろう。1990年代には1週間でゲートアレイを開発していた。当時と比べて配線層数が大幅に増えてはいるものの、1カ月で製造することは可能だろう。

また、高価なマスクを製造せずに、ウエハーにパターンを直接描画する技術も追求したい。製造のスループットは落ちるが、少量生産ならばむしろこの方が経済的である。

さらに、チップレットも用いて設計資産を再利用する。

こうしたことを積み重ねれば、1/10の時間と費用で専用チップを開発することも夢ではない。その結果、専用チップを開発する人口が10倍に増える。

現在、ソフトウェア人材は半導体人材の10倍以上いる。彼らは、汎用チップを用いてシステムを開発しているので、電力消費が大きくなり、よいサービスを提供できない。

アジャイルXで専用チップを1/10の期間と費用で開発できたならば、ソフトウェア人材と半導体人材が協働して、ハードウェアとソフトウェアを融合させながら、開発と改良を高速サイクルで繰り返すことができるようになる。これが、アジャイルXが目指す10年後の成長の姿である。

科学の発展に貢献する

アジャイルXを教育に用いると、システムから回路・デバイスまで、言い換えれば、半導体づくりのはじめから終わりまで一貫して学ぶことができる。数週間で設計と試作を経験できるので、クォーター制の授業でも演習に使える。

製造装置をインターネットに接続して全国からクリーンルームを操作できるようにすれば、メタバースでデバイス製造を体験できる。

こうした教育システムを現在開発中である。2024年度には全国で利用できるようにしたい。

考えてみれば、熾烈な時間競争に身を置くのは研究者である。ライバルに1日遅れただけでも、その研究は評価されない。一方で研究者は大量のデータを解析して、そのなかから真理を探している。

アジャイルXを研究に用いれば、データを素早く解析して真理を探究したり、あるいはアイデアを実証して社会実装したりできる。つまり、科学の発展に貢献できる。

デイビッド・ショーは、スーパーコンピュータを自ら開発して創薬を目指している科学者である。

彼は、1980年にスタンフォード大学で博士号を取り、コロンビア大学で計算機科学を教えた。1988年にD・E・ショー社を設立し、コンピュータ資源を活用した高度な数学的手法による資産運用で同社を世界最大級のヘッジファンドに育てた。

その後、身内が癌になったことをきっかけに、タンパク質の分子動力学に興味を持ち、2001年にD・E・ショー研究社を設立した。生物学、化学、物理学、数学、計算機科学、工学の研究者をニューヨークの高層ビルに集めている。

タンパク質は、アミノ酸の鎖がどのように折り畳まれるかによってその性質が大きく変化し、薬との反応も変わってくる。その立体構造を解析するために、原子1個あたりに1万回の演算を行い、100万個の原子を対象にフェムト秒の時間刻みでミリ秒のあいだ演算を繰り返すと、10の22乗回の演算が必要となる。膨大な計算量だ。

そこで、2009年に512ノードで構成される分子動力学専用のスーパーコンピュータを開発した。2014年には専用チップを新たに開発し、演算性能を5倍の毎秒12・7テラ（10の12乗）演算に向上させた。これを用いて、512ノードで毎秒6・5ペタ（10の15乗）の演算ができる。10の22乗回の演算に要する時間は20日に短縮され、実用規模の問題を現実的な処理時間で解けるようになった。

シミュレーションの結果を動画で見ると、タンパク質は柔らかく、稀にシャープに動く。タンパク質の大規模な揺らぎが再現できていて、目を見張った。

逆に、科学の進歩がチップの進化を加速することもある。

MITの分子神経生物学者と私たちは共同研究をしている。この分野の近年の発展には目を見張るものがある。

現在広く用いられている神経回路網は、実は70年前の古いモデルである。これを最先端のモデルに置き換えると、ＡＩ処理の消費電力を現在の1億分の1に低減できることを私たちは見出した。

詳細な説明は省くが、ポイントは、10種類ほどの非線形関数をシナプスに用いることである。非線形関数は、メモリに格納された表を参照する方式（ルックアップテーブル）で回路に実現できる。

この最新のモデルを実装するには、最先端プロセスで製造しても10枚ほどのチップが必要になる。つまり、最先端の分子神経生理学に学ぶ神経回路網は、ＡＩ処理に必要な電力を1億分の1に低減できて、最先端半導体の需要を創出できるのである。

このように、科学と半導体は進化の応酬、つまり共進化をこれからも起こすだろう。

SPICEが頭に宿る

かつて専用チップの時代があった。１９８０年代から90年代にかけてである。

私は大学を卒業して東芝に入社すると、来る日も来る日も、回路シミュレーションをしていた。

当時のコンピュータは、ＩＢＭのメインフレームＳ／３７０である。穴をあけたパンチカードの束をカードリーダがバタバタバタバタと音を立てて読み取り、やがて何時間もの沈黙の末に、突然、プリンターが大量の紙をうなるようにして吐き出す。その紙を引き延ばして色鉛筆で記号をなぞると、回路の動作波形が現れる。

回路シミュレータは、カリフォルニア大学バークレー校のドナルド・ピダーソン教授が開発したＳＰＩＣＥ（ＩＣ重視型シミュレーション・プログラム）である。

道具は使いこむと、使い方がうまくなり、そして使うのが楽しくなる。

ＳＰＩＣＥは、やがて私の頭のなかに宿り、コンピュータで計算する前から、回路図を見ただけでその動作を予見できる能力を私に与えてくれた。いわば、ＳＰＩＣＥは私の大切な家庭教師であった。

ＳＰＩＣＥのマニュアルは私にとってバイブルである。その表紙に描かれたセザータワーの前に立ったときは、感激した。

私がバークレーに留学したのが１９８８年。当時、バークレーはまさに半導体の国際頭脳が循環する交差点であった。専用チップの時代に、バークレーは世界の頭脳を惹きつける磁力を発していた。

設計ツールの大手会社であるシノプシスやケイデンスが、当時バークレーから生まれた。

図5-3　半導体の民主化

（出所）TSMC会長マーク・リュウ講演スライド、Courtesy of ISSCC

また、ｉＰａｄの原型とも言えるシステムが、アップルによる製品化の15年も前にバークレーで実証実験されていた。

今、再び専用チップの時代を迎える。日本の大学には国際頭脳循環の交差点になってほしいと願う（図５－３）。

蛇足になるが、かつては自分でＳＰＩＣＥを流し、飛行機のなかでもＰＣ版のＳＰＩＣＥで回路シミュレーションを楽しんでいたが、やがて学生に任せて自分はしなくなり、飛行機のなかでもワインを飲んで映画を観るようになると、ＳＰＩＣＥは私の頭からするりと抜け去ってしまった。まことに悔やまれる。

【コラム】国際頭脳循環

シリコンバレーに隣接する高級住宅地、サラトガ。プールサイドのソファーにデイビッド、アミンとサハール、そしてTT《ティーティー》が深く腰掛けた。4人はカリフォルニア大学バークレー校での私の学生である。

卒業して15年が経った。デイビッドは中国からの留学生。卒業後、シリコンバレーで活躍し、今では投資家として米中の架け橋になっている。この家の主人だ。

アミンとサハールはイランからの留学生。現在、アミンはスタンフォード大学の准教授。クラスメートだったサハールと結婚し、サンフランシスコのダウンタウンで暮らしている。

TTは台湾からの留学生。現在は国立台湾大学の准教授。サバティカルでバークレーに来ていた。

バークレー校コンピュータサイエンス学科の2人の教授がそれぞれ2500万ドル（約30億円）ずつを大学に寄付した話で盛り上がった。彼らは、クラウド・コンピューティングが進化したスカイ・コンピューティングの会社を興して大成功したそうだ。

そして、アミンがシリコンバレーで起業し

たスタートアップの話になる。最近はＩＰＯ（株式上場）しない資金調達が増えている理由を説明する。やがて世界経済の話になり、彼らの母国である中国やイランの政治経済と歴史の話に花が咲く。

そして、デイビッドが、私とちょっとした歴史探検をしたことを話し始めた。

◇◇◇◇◇◇◇◇

デイビッドの友人のリチュンが日本の巻物を所蔵していた。その解読をデイビッドが私に相談してきたのは前年の春だった。私は、東京大学附属図書館長の坂井修一教授に相談し、同大学史料編纂所の格別の計らいで、翻訳と関連調査をしていただいた。

翌２０２２年の春、デイビッドが来日した際に天ぷら屋でこの件を振り返っていると、話が思わぬ方向に展開した。ＴＳＭＣの創始者であるモリス・チャンに話が及んだのである。

実はリチュンの母は、日本の足利家の直系の子女であり、高祖父は水戸藩主・徳川斉昭であった。彼女が持っていた巻物は、徳川家由来のものだったのだ。そしてリチュンは留学先のバークレーでロバート・ウーという科学者と結婚した。

ロバート・ウーは、毛沢東によりロケット王と命名された科学者シュエセン・チェンに師事するため、中国に渡ることになるが、実はシュエセン・チェンの妻は、リチュンの親戚であった。ロバート・ウーは中国科学院でバイポーラトランジスタを国産化することに成功し、中国初の国産コンピュータの実現に大きく貢献した。しかし、中国で文化革命の嵐が吹き荒れたので、彼はリチュンとともにシリコンバレーに戻った。

そして、このロバート・ウーこそが、中国でモリス・チャンの中学の同級生であったのだ。

一方、デイビッドのバークレーの先輩のターリン・シューは、台湾政府の要請を受けて、モリス・チャンを台湾に招聘するのを手伝った……。

デイビッドとリチュンの交友が、国を越え、複雑な経路をたどって、モリス・チャンにたどり着いた。

歴史の糸は複雑な模様を紡ぐ。国際社会で育まれた頭脳循環網のなかで万有引力が働く。今回、それは、半導体とバークレーと、そして何より友情であった。

◇◇◇◇◇◇◇

その年の夏、朝の8時——。私は衆議院第二議員会館を訪れていた。自民党代議員の勉強会に講師として招かれた。大臣経験者が何人も座る。そこで、私は「国際頭脳循環——半導体バタフライ効果」と題して、この話を披露した。

加えて、国際会議VLSIシンポジウムの設立裏話も披露した。それは、日米半導体摩擦が激しさを増していた1980年初頭のことであった。

半導体は最先端の科学技術である。研究者の間には、業績に対する尊敬とそれにもとづく友情がある。東京大学教授の田中昭二は、研究者コミュニティでアメリカとの架け橋をつくることが重要だと考えた。そこで、アメリカの半導体コミュニティの中心であるRCA研究所のウォルター・コゾノキー博士に話しかけた。

ウォルターは1944年にウクライナのキーウを脱出してアメリカに移住し、苦学の末にアメリカを代表する半導体の研究者になっていた。

やがて1981年に第一回会議が開催された。そのダイジェストにはこう記されている。

「アメリカと日本がVLSI技術開発の2大拠点である。開発の目的は、大集積され高速なデバイスを実現し、高品質な情報処理を低コストで実現することにある。VLSI技術は、情報革命を起こし、生産性を高め、教育とコミュニケーションの概念を改め、仕事と余暇のライフスタイルを根本的に変え、産業社会に暮らす人々の生き方に影響を与えるものと信じる。このシンポジウムの目的は、VLSI技術に携わる科学者と技術者が協力の精神を携えて一堂に会し、成果を報告し、将来の方向性を議論することである」

まことに現代にも通じる真理である。

やがて日本は日米半導体摩擦で疲弊して半導体産業は凋落したが、現在でもアメリカや世界から顔の見える研究者が日本に多く残っている。日本の国際頭脳を保存できたのは、このＶＬＳＩシンポジウムを設立し運営してきた先人たちの知恵のおかげだった。

私が初めてＶＬＳＩシンポジウムに参加したのは、１９８８年にサンディエゴで開催されたときであった。弱冠28歳。５００人以上が集まるバンケットで、私の上司は人込みの中心にいる人物を指さした。「彼がウォルター・コゾノキーだ。アメリカの中心だ。挨拶してこい」

実は、その会場にもう一人、私と同様、初めてＶＬＳＩシンポジウムに参加した若者がいた。ウォルターの息子のスティーブ・コゾノキーである。

彼と私は現在、ＶＬＳＩシンポジウムの委員長を務めている。

最後に私は以下のメッセージを議員たちに送った。

「コンピュータの原理をつくったイギリスの数学者アラン・チューリングは、『時として誰も想像しないような人物が想像できない偉業を成し遂げる』と言いました。**バタフライ効果は国際頭脳循環のなかで起こります。**

イノベーションは集団脳から生まれます。したがって、More Moore や More than Moore といったナノテクに加えて、More People、つまり半導体の民主化が重要です。

そして、その中核となる高度な人材を多く養成し、これを国際頭脳循環網につなげることが重要です。大学はその交差点となり孵卵《ふか》器となります。

研究そのものは何が当たるか分からないので、無駄弾を多く撃つ覚悟が必要です。しかし、国際共同研究は国際頭脳循環網につながる格好の機会を与えるでしょう。

人材こそが日本の資本であり、新しい資本主義の実現に不可欠であるということを最後に申し上げて、今朝の話を終えたいと思います」

VI

超進化論 Epilogue

1 巨大集積――There's plenty of room at the TOP

1959年12月29日、カリフォルニア工科大学――。

アメリカ物理学会の年会で物理学者リチャード・ファインマンは次のように語った。

"There's plenty of room at the bottom."

つまり、微細な世界にはまだたくさんの興味深いことがあるということだ。

このファインマンの言葉をきっかけに、世界は微細デバイスを探究し始めた。

やがてマイクロエレクトロニクスが誕生し、そしてナノエレクトロニクスに発展した。

半導体の微細化が限界に近づくなかで、さらにこれを推し進めようとするのがMore Mooreである。日本は長年の休眠から目覚めて、一気に2nm以細の微細世界に挑戦する。

一方、微細化に代わる新しい価値を創ることを目指したMore than Moore。その研究開発も加速している。百花繚乱のなかで、3D集積技術はその筆頭である。多様なデバイスを一つのパッケージに3D集積する時代に入った。

私はファインマンの言葉を胸に、次のように主張する。

"There's plenty of room at the TOP."

つまり、"bottom"がナノ（10のマイナス9乗）の微小寸法の探究であるのに対して、"TOP"はギガ（10の9乗＝10億）、さらにはテラ（10の12乗＝1兆）の巨大集積の探究である[39]。

1000億トランジスタを集積するチップの実現が近い。インテルCEOのパット・ゲルシンガーは、2030年までには一つのパッケージに1兆個のトランジスタが集積されるだろうと予言した。テラ集積の時代は目前である。

かつて1980年代、1万個のトランジスタを集積したチップがテレビやビデオに用いられた。2000年代になり、1000万個のトランジスタがチップに集積されてPCに用いられた。そして現代、100億個のトランジスタを集積したチップがスマートフォンに使われている。

はたして1兆個のトランジスタは何を生み出すのか？

これから半導体は、物理空間と仮想空間を高度に融合することで価値を生み出していく。半導体の舞台はさらに広がり、半導体産業は名目GDPの0・6％台を目指すことになるだろう。2030年には世界で100兆円市場になると予測されている。

物理空間と仮想空間を融合する半導体製品は、具体的に何に使われるのだろうか？

たとえば自動運転に使われる。

まずは、工場の敷地内のような限定された場所から使われ始めるだろう。次に、高速道路を運送用車両が長蛇の列をなして無人で走るようになるだろう。過疎地域では、運転が困難となる高齢者の安全な移動手段となる。

駐車場に入る長い列では全自動運転に切り替えて、人は先におりることもできるようになるだろう。駐車場の周りの混雑が解消される。

一般道路でも、運転支援から自動運転に向けて段階を踏んで技術が高度化する。そうなると、都会の交通渋滞が解消される。運転に20％の余裕を持てれば、渋滞はそもそも発生しないらしい。クルマと街が連携してその余裕をつくりだすことができる。

また、ロボティクスも大きな市場をつくりだすだろう。

掃除や介護などをサポートするロボットから料理や会話を楽しむロボットまで、さまざまなロボットが登場するだろう。

さらに、センシング技術などを駆使し、都市の各所から自動的に情報を集めるスマートシティや、工場をデータ駆動で自動操業できるスマート工場など、人手を減らし、機能をスマートにすることができる。

半導体は、これらすべてにおいて決定的に重要な核となる。

少子高齢化社会を世界のどこよりも早く迎える日本は、まさに課題先進国である。

人口が急増するときは食料不足が問題となり、人口が急減するときは人手不足が問題となる。半導体はいずれの解決にも役立つが、とくに人手不足の問題は、ＡＩを半導体で社会実装することによって解決できることが多い。

アイデア次第、つまりイノベーションが求められるのだ。

イノベーションは多くの頭脳が交わるところで発芽する。より多くの人が参加してイノベーションを創発できるように、More People が重要になる。

30年前のテレビやビデオの時代に比べると、半導体の集積度は１００万倍になっている。

かつての半導体産業は、規格住宅の製造を競っていたようなものだ。同じスペックの家を複数のメーカーが競争して販売した。購買のポイントはどれが一番安いかであった。

これからの半導体は、規格化された家をつくるのではなく、まちづくりになるだろう。どんなまちをつくりたいかはさまざまである。

そして、まちづくりは1社や1業種ではとてもできない。たとえば自動運転の場合、自動車メーカー、電子機器メーカー、通信業者、データセンター、公共サービス、社会インフラ、保険、広告などさまざまな業種の連携が必要になる。

半導体は、家づくりからまちづくりに進化する。

2　豊かな森——生態系の力

視点を半導体のユーザーからメーカーに戻そう。日本は、半導体の製造装置と素材が強い。

半導体製造装置は10万点を超える部品から組み立てられる。1台のクルマの部品点数が約3万点であるから、きわめて大規模で複雑である。

しかも、受注ごとに仕様が異なる。つまり、10万点を超える部品のリストも1台ずつ異なっている。少人数の作業チームが製品の組み立てから検査までを行う個別生産方式がとられる。究極の多品種少量生産である。

加えて、半導体製造装置メーカーに部品を納める業者は多種多様である。さらにその業者に特注部品を納める業者が存在し、その部品をつくるための材料を納める業者も存在する。

いわば、幾層もの階層とさまざまな業種の広がりを持つ巨大なネットワークが形成されているのだ。

より具体的に見ていこう。半導体製造装置は、ウエハーを運び、回転させ、液をかけ、気体を吹くなどさまざまな加工を行う。大気中で行われる処理もあり、真空中で行われる処理もある。そのため液体や気体の配管や、電力や制御のための配線が装置内に縦横無尽に張りめぐらされている。また、処理された液体や気体を回収する下水機能も有する。私たちの家も、水やガスや電気が外部から供給され、いろいろな機器で消費されて下水等に流される。半導体製造装置とは、まさに家の機能を極限まで微細化したものと言える。

そして装置に供給される電気や液体、気体は、納入先のユーザーの工場から供給されるが、この供給形態がユーザーごとに異なる。これに対応するため、ユーザーの状況に合わせて、メーカーのものづくりだけでなく、上流の設計も異なってくるのだ。

以上のように、複雑なシステムをユーザーの状況に合わせてつくりだすため、メーカーはユーザーと常に会話を交わし、擦り合わせを行い、そしてお互いに支え合い、挑戦を続けて、進化を遂げている。

まさに森の生態系《エコシステム》のようである。

半導体に用いられる素材も同様である。

半導体素材は、製造装置ごとに特性が異なるので、細かな調合が必要になる。すなわち半導体素材も究極の多品種少量生産であり、テーラーメードの特注品と言えるだろう。

たとえば、半導体素材を製造する際には温度が重要なカギとなる。製造温度が高いほど化学反応が早まり短時間で製造できるが、製造温度が高くなると材料構造がばらつき、歩留まりが悪くなってしまう。

メーカーは、材料が期待どおりの性能を発現できるように推奨する工程条件を、ユーザーに提示する。ところが、ユーザーが同じ条件で扱う場合は稀なので、不具合が発生することが多い。ここからが勝負どころで、メーカーは保有するデータベースをもとに、短期間でユーザーに合わせ工程条件を最適化する。

また、素材産業にも深くて広大なネットワークが形成されている。化学工場には、材料、機械、電気のさまざまな業者が出入りし、またその業者を支えるネットワークがその下に何層も形成されている。

これも例を挙げると、半導体はパッケージングを必要とするのだが、パッケージングの際に必要となる熱膨張の少ない補強繊維、基板、封止材など特別な材料を、電子材料メーカーが提供している。他にも表面処理剤、反応促進剤、酸化防止剤など、電子材料用の素材には特殊な加工が必要となるため、素材メーカーは一般グレードと区分けした電子材料グレード素材を特別に製造・販売している。

このような日本にある産業のエコシステムを海外につくろうと検討したが断念したという話を、材料メーカーの経営者からかつて聞いたことがある。材料メーカーを支える中小企業のネットワークを根こそぎ海外に移植するのは、とても困難である。

私たちは大木に目を奪われがちである。メディアは大企業の盛衰に注目する。

しかし、大企業を支える豊かな土壌、つまり産業のエコシステムのネットワークの力こそが産業力である。日本は半導体の製造装置と素材が強いと言われるゆえんは、ここにある。

ＴＳＭＣは未開地《グリーンフィールド》に工場を建てない。ブラウンフィールド、つまり産業エコシステムが豊かな土地にしか工場を建てない。熊本にはそれがある。

日本の産業エコシステムは豊かである。たとえ巨木のデバイスメーカーが倒れても、土壌が豊かであれば森の再生は可能である。逆に、豊かでない土地に植林しても、森は生まれない。

巨木である大企業を移すことはできても、巨木を支える土壌そのものを移すことはできない。木を見て森を見ずではいけない。

そう考えていたところ、テレビで「NHKスペシャル超・進化論」(2022年11月6日放映)を見た。

そして、ストンと腑に落ちた。

3　超進化論――多様性を育む仕組み

生存に有利なものが生き残り、子孫を残す。つまるところは、この世は競争。弱きものは生き残れない。

自然界の掟《おきて》についてダーウィンが唱えた進化論から160年余りが経った。最先端の科学は生き物たちの隠された進化の仕組みを解明しようとしている。

それは、競争するだけでなく互いを支え合う協力のルールである。

鮮やかに瑞々《みずみず》しく地球を覆いつくす植物。陸上の生物の総重量(470ギガトン)の95・5%が植物だ。圧倒的なボリュームを誇る植物が驚異的な進化を遂げる大きな転機があった。

5億年前の地球。陸地は不毛の大地だった。4億5000万年前、そこへ海から上陸を果たしたのが植物の祖先である。陸上というフロンティアに乗り出した植物は、4億年ほど前に陸上を覆いつくした。しかし当時の植物には、まだ、あるものが存在しなかった。

第Ⅰ章での問題提起を再び述べておこう。

恐竜がいた白亜紀（1億4500万年前～6600万年前）にそのあるものが誕生し、地球を一変させる大革命を引き起こす。陸上生物の種の数の劇的な増加である。

白亜紀の前は、種の数は現在の1/10程度だったとも考えられている。ところが、白亜紀を境に生物の種類が爆発的に増えていった。

大革命を引き起こした植物のあるものとは……。

それは、花である。

花は、花粉を使って、自ら昆虫を呼び寄せることができるようになった。そして、花粉を与える代わりに、花粉を運んでもらった。**つまり「共生」関係ができたのである。**

植物はそれまで、一方的に虫に食べられるということを上陸以来3億5000万年も続けてきた。しかし、花ができたことで、害を及ぼす虫を逆に利用するという大転換が起こった。

これをきっかけに生き物たちの進化が一気に加速する。
ある植物が特殊な形に進化するると、虫もそれに合わせるように形を変えた。さらに、ある植物は虫が他に行ってしまわないように鮮やかな色を競った。そして、昆虫は確実に花にたどり着くための飛翔能力を獲得した。

互いが互いを進化させる「共進化」という進化の応酬が起こったのである。

こうして森が豊かになり、花に集まる虫を食べる哺乳類が多様化し、花からできる果実で霊長類が進化した。

ここで私の想像が広がる。

やがて、花は新しい能力を身につけた。

世代交代のスピードアップである。受粉から受精までに要する時間を1年から数時間に縮めた。これがすべての生物の進化を加速したのだ。

$$y = a(1+r)^n$$

これは複利計算の式である。rが利率でnが運用回数。元本のaが小さくても長く運用すれば将来価値が大きくなる。

ｎを１／ｔで置き換えれば、デジタル経済の基本式になる。ｔは開発のサイクルタイムである。この式は、チップの性能向上にも会社の成長にも当てはまる。

言い換えると、高速サイクルで改良を何度も繰り返すことが、デジタル経済の成長戦略である。改善率（ｒ）よりも改善回数（ｎ）を大きくすること、つまり開発のサイクルタイム（ｔ）を短くすることが肝要である。

だからアジャイルなのだと。

話を戻そう。

花やそこに集まる虫を食べる哺乳類が多様化した。さらに、花からできる栄養豊富な果実は、私たちの祖先である霊長類の進化も加速させた。

花がなければ、鮮やかで命あふれる今の地球は存在しなかったかもしれない。

植物が数億年をかけて築き上げたもう一つの世界が、森の地下にある。

根の先に菌糸と呼ばれる細い糸状の菌がついている。菌糸は、根の周りだけでなく根の内部まで入り込み一体化しながら、土のなかにびっしりと張りめぐらされる。森のなかの植物は、この菌とつながってともに暮らしている。

植物は窒素やリンなどの栄養を根から得ている。しかし、根にはその能力が十分にない。大部分の栄養は、菌が土から吸収し植物へと送り込んでいる。その代わりに、植物は光合成で得た養分を菌へとおすそ分けし、切っても切れない関係ができている。

菌は少なくとも数十メートルは成長し、菌と菌がつながり合うことで、森中の木々をつないでいる。

この地下にある木と木をつなぐ菌糸の巨大なネットワークに驚くべき働きがある。つまり、光合成でつくった養分は根に運ばれ、菌糸を通じて別の木の根に運ばれる。こうして日の当たらない他の木に養分が運ばれる。

菌糸のネットワークは、光合成ができなくて今にも死にそうになっている木に元気な木から養分を送り、助ける働きをしている。まさに、弱きを助けるネットワークである。

大きな木々の下で日の当たらない小さな木は、どうやって成長するのか？

巨木の森で新しく生まれた幼木は、そのままだと暗い日陰で数十年、数百年もの間、耐え忍ばなければならない。しかし、その間、幼木は地下のネットワークを通して生きるのに必要な養分を得ることができる。そうやって暗い森の陰で、かよわき幼い命は少しずつ成長を果たすことができるのである。

さらに常緑樹と落葉樹の間でも双方向に養分をやり取りしている。夏に光合成を活発に行う落葉樹は、近くの常緑樹へ養分を分け与える。秋になると今度は、常緑樹が葉を失った落葉樹へ養分を送る。まるでお互いの厳しい季節を支え合うかのように、分かち合っているのだ。

植物は隣の植物と競い合って光や栄養分の取り合いをしている、つまり競争をしていると考えられてきた。しかし、実際はまったく違った。むしろ彼らはネットワークを介して強い協力関係を築くことで、安定した生態系をつくっていたのである。

森の地下に広がる支え合いの世界、それこそが、地球を覆いつくす陸の王者である植物が大事に守り抜いてきた生き方だったのである。

競争するより助け合った方が命をつなぐことができる。今、この地球上はそういった生き物であふれかえっている。

日本の半導体産業は、森を育てることに力を注いできた。それが今、世界から評価されている。

競争に加え、共生と共進化を生み出す産業界のエコシステム。日本の文化と社会のなかで醸成されてきたこのエコシステムが、国際連携のなかで息を吹き返そうとしている。

ＴＳＭＣ新工場の熊本県誘致。それに伴ってさまざまな随伴投資が始まっている。ＴＳＭＣの製造を支える日本の素材と製造装置の産業エコシステム。巨木の出現で、地下のネットワークに活気がよみがえる。

さらに日米連携のなかで生まれたラピダス。微細世界を追究するための新しい素材の探求と製造装置の研究開発が活発になっている。

モジュールを組み合わせて大規模なシステムを構築することを得意とするアメリカと台湾。一方で、細かな擦り合わせを行い顧客の多様な要求に丁寧に応えることを得意とする日本。国際連携を通じて、両者の強みが発揮される。日本が世界に貢献し、世界とともに進化していく、新しい時代が始まっている。

キーワードは、国際連携、国際頭脳循環、ネットワーク、共生、共進化である。

多様なデバイスを一つのパッケージに３Ｄ集積する時代。私たちはパッケージのなかにどのような森をつくろうとしているのだろうか？

4 芽吹き——次の世代へ

２０２２年12月19日朝、渋谷——。

アリの巣のような複雑な地下通路。標識を頼りに進むと目的の高層ビルにたどり着いた。23階の会議室。窓の外には渋谷の街が見下ろせる。学生のころは隅々まで知っていた街が、今はすっかり変わっている。

グーグルと東大d．labが共催する「半導体回路設計ハンズオンセミナー第二回」に、55人の学生たちが集まっていた。

天文物理学を研究する博士課程1年の学生に参加の理由を聞いてみた。

「膨大なデータの処理にスパコンを使っています。さらに高性能な計算リソースはいくらでも必要です」

駒場キャンパス教養課程の2年生も何人か参加していた。女性に聞いてみると、

「本郷に行ったら量子コンピュータを学びたいので、その前に古典コンピュータを知りたいと思って参加しました」

医学系研究科の学生や経済学部の学生、学際情報学府の学生からも参加申し込みがあった。

従来のカリキュラムであれば、まず電子回路を学び、半導体デバイスや集積回路を学んだ後に、大学の4年か大学院の1年でチップ設計の演習に取り組む。

しかし、今日集まった学生たちは、そうした前提知識を持たない。持ち寄ったのは、強い好奇心である。PCを使えてプログラムを書ければ、誰でもワークショップに参加できる。そして興味が湧いたら、電子回路や集積回路を学べばよい。

高専や高校の学生たちも参加できるプログラムにしよう。コンテストにして、全国大会を開こう。アイデアが勝負である。半導体を誰でも使える道具にしよう。

参加者たちが行列をつくってチップを眺めている。そのまなざしは好奇心にあふれている。私のなかに自信がふつふつと湧いてきた。

半導体を超進化させる「花」は何か？

それを探す旅が始まる――。

【コラム】 imecの強さの秘密

imec《アイメック》は半導体に関する研究を行う独立系国際機関である。水平分業の製造を担うトップランナーがTSMCであれば、imecは研究のトップランナーである。

ベルギー王国のルーベン市に本部を置き、90以上の国や地域から5000人の研究者を雇っている。

大学ではないので学位を授与できない。それにもかかわらず800人の博士課程の学生を擁する理由は、世界最先端の試作ラインと評価装置を提供するからである。加えて、生活費、住居費、医療保険、片道の旅費もimecが負担する。

imecで試作・評価された技術は、折り紙付きで世界に広がる。だから、550社にのぼる企業が巨額の共同研究費を付けて、第一線の研究者をimecに送り込む。

総収入4・2億ユーロ（約600億円）。その80%は海外企業からの収入である。

参画企業はスポンサーではあるものの、imecのマネジメントには参加できない。imecの幹部が各社を巡回して要求を聞き、柔軟かつ素早く対応する。

つまり、優れた研究エコシステムを備えて

世界の頭脳を惹きつけ、企業から投資を募る。中立を守りながらも顧客の要求に柔軟に応じ、グローバル人材からなるタレント集団が素早く課題を解決する。すると、さらに投資が集まるので人と装置に再投資する。こうして成長の循環が生まれる。

「共生」と「共進化」でイノベーションを起こす「研究の森」である。

ｉｍｅｃの強さはどこからくるのだろうか？

それを知るためにはベルギーを理解する必要がある。

ベルギーはヨーロッパの十字路に立つ小国である。

ドイツ、フランス、スペイン、オーストリア、オランダなどの大国の支配と圧力を繰り返し受けてきた。そしてベルギー自体も、オランダ語圏であるフランダース地方とフランス語圏であるワロン地方に社会が二分されている。

したがって、ベルギーは中立を望む。そして、ときには隣国に恭順の姿勢を見せるのもいとわない老獪《ろうかい》さもある。ＥＵ（欧州連合）の本拠地がブリュッセルに設置されているのも、中庸の精神があるからだろう。

ベルギーのアカデミアの中心がルーベン・カトリック大学（ＫＵＬ）である。１４２５年に設立され、現存するカトリック系大学では世界最古と言われる。

同大学でマイクロエレクトロニクスを学ん

だロジャー・フォンオベルシュトラーテンは、スタンフォード大学で博士号を取ったのち、1968年にKULの教授になり、翌年ベルギーで最初のクリーンルームを建設した。

大学では小さなクリーンルームしか持つことができない。立派なクリーンルームをつくるには、大学共同利用しかない。そう彼は考えた。

1982年にフランダース州政府はマイクロエレクトロニクス産業を強化するための包括的なプログラムをつくり、それにもとづいて1984年に非営利組織のimec（Interuniversity Micro-electronics Centre）を設立した。そして、初代所長にフォンオベルシュトラーテン教授が就いた。

imecの設立趣意書には、「マイクロエレクトロニクス、ナノテクノロジー、情報通信システムの設計手法と設計技術において、産業界が必要とする時期よりも3年から10年先行する研究開発を行うこと」と記されている。

こうしてimecは、大学共同利用のマイクロエレクトロニクス研究所として、大学の研究者を中心とした70人ほどの小所帯でスタートしたのである。

1999年に彼の遺志を継いでギルバート・デクラーク教授が第二代所長に就任したことで、imecに転機が訪れる。

彼は、研究をビジネスにしようと考えた。

この大転換には周囲からかなりの不満をぶつけられたそうだ。

しかしｉｍｅｃは、これを機に大きく成長する。

デクラークは上智大学で学んだ親日派であり、日本企業との連携が始まった。

また、同じフランダース地方のアイントホーフェンにオランダのフィリップス社があったことも幸いし、フィリップス社と取引があった海外の企業と連携が始まった。

オランダの露光装置メーカーのＡＳＭＬは、フィリップス社の半導体部門（現在のＮＸＰセミコンダクターズ）とＡＳＭインターナショナルが出資してつくった合弁会社である。ｉｍｅｃと同じく１９８４年に設立された。

発足当時のＡＳＭＬは、先行するニコンやキヤノンにシェアで大きく水をあけられていた。日本企業が自前主義で突き進むのに対して、ＡＳＭＬはｉｍｅｃでさまざまなメーカーと協業することで開発を加速した。たとえば、開発初期の露光装置をｉｍｅｃの試作ラインで半導体デバイスメーカーに使ってもらい、多くのフィードバックを得た。

ｉｍｅｃに集まる世界中の半導体デバイスメーカーと連携することで、ユーザーが使いやすいプラットフォームをいち早く完成させたことが、今日のＡＳＭＬの成功につながっている。

２００９年にｉｍｅｃのＣＥＯに就いたル

ク・ファンデンホーブ教授の専門がリソグラフィだったことも、ASMLのEUV露光装置の開発成功につながる遠因となったかもしれない。

imecが世界の支持を獲得できた理由は、今では当たり前の考え方であるが、事業直結の研究開発という方針にあった。

たとえば、研究でありながら"一番煎じ"を志向する。一番先にはやらない。強引にリーダーシップをとるのではなく、皆とうまく付き合い、敵をつくらないように実力を高めていき、気がつくと世界の頂点に立っている。ビジネスで用いられる戦略と同じである。

そして、imecの魅力を一言で言えば、顧客志向である。

そのために、imecは中立の立場を堅持している。imecは、世界から投資を集めて政府の補助の比率を徐々に下げていき、さらにスポンサー企業を運営に加えないことで中立性と独立性を高めてきた。

契約や研究テーマの設定は柔軟で融通がきく。膝を突き合わせて要求すると、ルールを超えていろいろと骨を折ってくれる。そこが信頼関係の構築につながる。

もちろん大手有力企業を優先するのだろうが、主導権獲得を狙う会社や中小企業に対しても門前払いをせずに柔軟に対応する。誰も予想しなかった技術が将来大きな芽をふく可能性は十分にあるのだから、この方針は理に適《かな》っている。

「なぜimecはd.labと連携するのか？」

日本のメディアからそう問われたCEOのルク・ファンデンホーブは次のように答えた。

「彼らはわれわれと違うアイデアを持っているから」

多様性を重視している姿勢がうかがえる。

アカデミアとの連携を推進する副社長のヨー・デボックは、磁性体の専門家である。東京・根津の古民家でうどんを食しながら両国の文化について語り明かしたことがある。

総じて、両国民は、似たところが多い。

あとがき

半導体民主主義と半導体戦争《チップウォー》はコインの表裏である。私はこの本で半導体民主主義を描きたかった。

19世紀にビスマルクが「鉄は国家なり」と演説した。そして鉄は近代都市をつくり、兵器を生んだ。

現代では半導体の技術覇権が争われる。「半導体は国家なり」である。半導体が何をつくりだし、何を破壊するのか。私たちの創造力と知恵が試される。

チップメーカーは、次世代チップの生産をめぐって熾烈な争いを繰り広げている。しかし、もはや一つの企業や国家では抱えきれないほどに半導体は巨大な技術集積体となりつつある。人類共有財産《グローバルコモンズ》として考えるべきであろう。

半導体戦争を煽《あお》るのではなく、チップネットワークを構築しなければならない。技術はますます複雑化する。だから、木を見て森を見ずではいけない。森を育てること、つまり豊かな産業エコシステムをつくることが、これからの世界の課題である。

それを考えるうえでヒントとなったのが、植物だ。

鮮やかに瑞々しく地球を覆いつくす植物。今日の地球をつくりあげた大革命は、植物が「花」を持ったことで引き起こされた。

花と昆虫の間に「共生」関係が生まれ、互いが互いを進化させる進化の応酬である「共進化」が起こったのである。

花の誕生をきっかけに生き物たちの進化が一気に加速した。

ダーウィンが唱えた進化論では、生存に有利なものが生き残り子孫を残す。つまるところは、この世は競争。しかしながら、最新の科学で解明されようとしている生き物たちの隠された進化の仕組みは、競争するだけでなく互いを支え合う協力のルール、つまり「超進化論」である。

「半導体の森」を豊かにするためには、「花」を見つけることが大切であろう。そう考えながら、本書では「半導体の超進化論」を説いた。

まずは、高性能な半導体をいかに製造するかをMore Moore《モアムーア》とMore than Moore《モアザンムーア》の観点で説明した。

次に、高性能な半導体で何を生み出すかをイノベーションの観点、すなわちMore People《モアピープル》

の観点で考えた。

半導体を競争の時代から共生・共進化の時代に進めるために、半導体の「花」を見つけることができるだろうか。半導体がグローバルコモンズになるためには、お金やムーアの法則以上のものが必要になる。

それは、多くの人を惹きつけること。

More People だ。

本書の出版にあたっては、日経BPの堀口祐介さんにひとかたならぬお世話になった。また、同僚の近藤翔午さんには原稿の推敲を手伝っていただいた。心から謝意を表する。

2023年3月

黒田 忠広

－6乗)、ナノ（10の－9乗)、ピコ（10の－12乗)、フェムト（10の－15乗)、アト（10の－18乗）がある。素子の寸法（単位はメートル）はマイクロからナノ、容量の大きさ（単位はファラッド）はピコからフェムト、信号伝搬の時間（単位は秒）はピコからフェムトがよく使われる。電流（単位はアンペア）はマイクロからミリ（10の－3乗）で、抵抗（単位はオーム）はキロ（10の3乗＝1000）からメガ（10の6乗＝100万）が多い。

一方で、大きな数字を表す単位には、ギガ（10の9乗＝10億)、テラ（10の12乗＝1兆)、ペタ（10の15乗＝1000兆)、エクサ（10の18乗＝100京）がある。メモリやストレージの記憶容量（単位はバイト）はギガからテラ、チップ間のデータ転送の速度（単位はビット/秒）はギガからテラ、スーパーコンピュータの処理性能（単位は処理/秒）はペタからエクサ、流通するデジタルデータの総量（単位はバイト）はエクサを超えている。

このように、集積回路はゼロがなんと36個も並ぶ天文学的な広がりの空間を扱っている。

グですね」と私は言ったことがある。

ニュートン法などでは、評価値がよくなる方向にしか空間を探索しないので、初期値によってはローカルな最適点に捕まり最適点に到達できないことがある。一方、シミュレーテッド·アニーリングでは、温度に応じた確率で、ときには評価値が悪くなる方向も探索する点が異なる。ちょうどアニーリング（焼き戻し）をするように、高温の間は活発に探索空間を跳ね回るけれども、徐々に温度を下げて落ち着いていく。

人生にも通じる考え方だと思っていた。しかし、彼は落ち着くどころかいつまでも跳ね回っている。「先生の場合には、一向に温度が下がりませんね。むしろ熱くなっているようにも見えます」と私が言うと、彼は悪戯《いたずら》っぽい目でこう言った。

「シミュレーテッド·アニーリングは、スタティック（静態的）な空間を探索するのには適しているけど、私が興味のある空間はダイナミックに変化しているのだよ」

Ⅵ　超進化論 Epilogue

(39)「つまり、“bottom”がナノ（10のマイナス9乗）の微小寸法の探究であるのに対して、“TOP”はギガ（10の9乗＝10億）、さらにはテラ（10の12乗＝1兆）の巨大集積の探究である」

集積回路には、極小の数字から巨大な数字まで使われる。まず、小さな数字を表す単位には、マイクロ（10の

$n\log_2 n$に比例し、大幅な短縮となる」

検索でも、リニアサーチの$O(n)$から、分割統治法を用いることでバイナリーサーチの$O(\log_2 n)$に時間短縮できる。

(37)「ヨハンセンの指導教授はミードであった」

ディブ・ヨハンセンがカーバー・ミードの80歳の誕生日を祝う師弟愛あふれるスピーチの録画がある（https://www.youtube.com/watch?v=9kz1ZWO1Dr8）。

このなかで、レイアウトの配色に気をつけろという逸話が語られている。ミードの教科書を使ったアメリカでは、赤はPoly Siゲートだった。しかし私が勤めた東芝では、赤はAl配線だったのでとても混乱した。

(38)「1989年に私はカリフォルニア大学バークレー校に留学した。そのときのホストが、デイビッド・パターソンとRISC-Iを開発したカルロ・セカンだった」

カルロ・セカン教授の研究歴は多彩だ。1965年にスイスのバーゼル大で実験物理を修めた後、アメリカのベル研究所でCCDの第一人者になった。77年にバークレーに移りパターソン教授と世界初のRISCプロセッサを開発した。84年頃からCADとコンピュータグラフィックスを研究し、その後は建築や造形美術の境界領域まで進出している。

「先生の生き方はまさにシミュレーテッド・アニーリン

回路が置かれたりしても構わない。チップに1000個以上のコイルを配置することもできる。

(35)「脳がインターネットにつながったら、マット・リドレーが『繁栄』(早川書房)で述べるように、結びついている人口が多いほどイノベーションが起きる確率が高まり、アイデアの生殖が地球上を覆うのだろうか?」

インターネットは瞬時の空間移動を可能にした。オンラインミーティングで世界中を飛び回れる。しかし、時差の問題が残る。全世界から参加者が集まる会議では、開催が深夜や早朝になることも少なくない。

そこで、脳をインターネットに接続できたら、時間の壁も越えることができるだろうか? 夜中の会議は、いつものように寝た後に、開催時刻に合わせて脳波を誘導して、レム睡眠で参加するのである。レム睡眠中は、身体は骨格筋が弛緩して休息状態にあるが、脳は活動して覚醒状態にある。その活動は日中よりもむしろ活発で、頭は冴えている。議論も生産的になるだろう。

問題は、会議の発言を翌朝憶えていないことである。会議録を見て自分の発言に驚くこともあろう。そのときは、「寝ぼけていました」と言い訳をすればよい。

V 民主主義 More People

(36)「最も単純なバブルソートという手法ではOはn^2に比例するのに対して、分割統治法を用いたクイックソートだとOは作するトランジスタが必要だ。DRAMにはリークが小さいキャパシタが必要で、NANDには電子を捕獲できる極薄の膜が求められる。

たとえば、ロジックとDRAMを同じウエハーにつくりこむと、高速なトランジスタと高性能なキャパシタを両方つくらなければならない。ロジックとDRAMの占有面積が同程度だと、ロジックの領域では高性能なキャパシタのためのプロセスが無駄になるし、DRAM領域では高速なトランジスタのためのプロセスが無駄になる。

結局、ロジックとDRAMを個別に製造した後に両者を近くに実装した方が、同じチップに集積するよりコストを低減できる。

(34)「これはチップの配線でコイルを巻き、デジタル信号に応じてコイルを流れる電流の向きを変えて磁界の向きを変化させ、他のチップでコイルに生じる信号の極性を検知してデジタル信号に戻す方式である」

コイルはアナログ回路の発振器などに古くから用いられてきた。設計者が意図しない容量や抵抗をできるだけ小さくするために、レイアウトは比較的大きくなり、チップに10個以上配置されることはあまりない。

一方で、磁界結合通信の場合は、デジタル回路なので設計者が意図しない容量や抵抗がある程度ついても構わない。多層配線を用いて小さくレイアウトできる。コイルのなかを他の配線が通り抜けたり、コイルの下に別のいとわず、「擦り合わせ」が求められる。要するに、実直なものづくり、品質管理、我慢強い開発、顧客の要求に徹底的に応える姿勢など、日本人の特性に合った点が競争力の源泉となっている。

コンピュータを用いて素材を探索するマテリアルズ・インフォマティクス（MI）の探求が始まっている。MIは、日本にとって脅威か福音か？　MIは強い企業をさらに強くするという指摘もある。

(32)「そして、部分最適化ではなく総合最適化を目指して、設計からデバイス、製造、装置、材料の学術を総動員した取り組みが求められる」

微細化が難しくなり、トランジスタの構造がFinFETやGAAへ大きく変革されるにつれて、設計と製造の共同最適化（Design-Technology Co-Optimization；DTCO）、さらにはシステムと製造の共同最適化（System-Technology Co-Optimization；STCO）が強く求められている。

Ⅳ　百花繚乱 More than Moore

(33)「チップ内での集積のみに頼ることができなくなり、2Dから3Dへとチップが進化する現在において、一段と画期的な『接続問題の解』が求められている」

ロジックとDRAMとNANDフラッシュでは、デバイスに対する要求が大きく異なる。ロジックには、高速動神経回路網においては、軸索に入力する信号とシナプス荷重係数をかけて足し合わせた合計値が閾値を超えたときに、出力信号が発火される。したがって、ここでも行列計算が繰り返し行われることから、神経回路網の計算にGPUが広く用いられている。

(31)「開発された縮小投影型露光装置(ステッパー)は、世界市場を占有し、半導体製造装置の国産化比率を20%から70%に高めることに貢献した」

素材と製造装置は日本が強い。素材では、6兆円市場の65%を超える世界シェアを有し、製造装置では、7兆円市場の35%のシェアを持つ。

日本は、1980年代の半導体が強かったころに総合電機メーカーの強みを生かして、素材や製造装置の技術力を強化した。やがて日本の半導体が弱体化すると、事業を世界に展開することで競争力を維持している。また、自動車産業と同様に深くて広い産業界のエコシステムが醸成されているので、これがその後も国土に維持されている。

日本の強みが発揮されるのは、最適化するためのパラメータが多くて複雑な事象から経験や直感によって最適解を見出す暗黙知やノウハウの類いであり、現場の継続的な改善・改良が求められる世界である。もとより素材の新製品開発は、「千《せん》三《み》つ」と言われるように、成功の確率が低い。また、顧客ごとにカスタマイズすることをクリーンルームの照明には、フォトリソグラフィ用のレジストが感光しないように、比較的波長が長い琥珀色のLEDが用いられる。写真フィルムを現像する部屋が暗室であるのと同様の理由である。微細化に伴って露光装置にはより短波長の光源が用いられる。13.5nmのEUV（Extreme Ultra-violet：極端紫外線）光になると、クリーンルームでも白色光の照明が使えるようになる。

(30)「しかし21世紀に入り、オートエンコーダの深層化に成功し、学習に必要なコンピュータの性能が十分に高まったことで、深層学習が従来の情報処理に比べて圧倒的に高い処理性能を発揮するようになり、急速に実用化された」

GPU（Graphics Processing Unit）は、画像処理に特化したチップである。入力画像の対応する画素値に加えてその周囲の画素も含めた領域内の画素値を用いて出力画像の対応する画素値を計算することにより、さまざまな画像処理（空間フィルタリング）を施せる。たとえば、3×3の領域の9つの画素値にそれぞれ1/9の係数をかけて足し合わせると、領域内で画素が平均化されるので、画像をぼかすことができる。反対に、中央の画素値だけを9倍にして、それ以外の画素値に−1をかけて足し合わせる（つまり引き算をする）と、中央の画素が引き立ち、画像が先鋭化される。こうした計算はいずれも行列式に表せるので、GPUは行列計算を効率的に行える回路を搭載している。

と、ゲートがマスク代わりとなってその直下には不純物が打ち込まれず、ゲートの両側にピッタリとソースとドレインが作製される。このように、すでに形成されたパターンを次のプロセスのマスクとして利用し、マスクの位置合わせなしで次のプロセスを進めることを、自己整合《セルフアライン》と呼ぶ。

(28)「次には構造を変えるしかない」

ゲート酸化膜を誘電率の高い材料に変えることで、キャパシタ容量を維持しつつ、物理膜厚を厚くして、リーク電流を抑制したのである。それは、リーク電流は物理膜厚に指数関数的に反比例するからである。トランジスタの心臓部であるゲート酸化膜材料を変えるというこの革新的な試みにより、ゲートリーク電流は効果的に抑止することができた。

しかし、微細化が進むにつれてソースやドレインとシリコン基板の間で生じる接合リークが顕在化して、ついにトランジスタの構造を抜本的に見直さざるを得なくなった。

(29)「一方、ジャック・キルビーは、1958年に集積回路(IC)を発明した。フォトリソグラフィを用いて、一枚のチップに素子と配線を集積することで、「大規模システムの接続問題」を解決した。やがてシリコンがICに最適な材料であることが見出された」

量も比例して増える」

解説（24）（25）より、デバイスの寸法をx[m]とすると、電流I[A]はV^2/xに比例し、容量C[F]はxに比例し、回路の遅延時間［秒］はCV/Iに比例する。したがって、電圧Vを一定にしたままデバイスの寸法xを$1/\alpha$に小さくすると、電流Iは$V^2/x=1^2/(1/\alpha)$でα倍に増え、容量Cは$x=1/\alpha$で$1/\alpha$に小さくなり、回路の遅延時間は$CV/I=(1/\alpha)\cdot 1/\alpha$で$1/\alpha^2$に小さくなり、高速で動作する。しかし、電力密度は、$VI/x^2=\alpha/(1/\alpha)^2$つまり$\alpha^3$で急増してしまう。

(27)「すると、ゲートの両側の半導体基板の表面に不純物が打ち込まれてソースとドレインが形成される」

トランジスタや配線は立体構造をしている。その各層の平面構造を描いた数十枚のフォトマスクを用いて、チップ表面にパターン転写を繰り返しながら、立体構造を下から上に順次つくりあげていく。ところが、マスクの位置合わせには誤差があるので、作製された断面の間にはわずかなずれが残る。トランジスタのソースとドレインに挟まれたチャネルはできるだけ短くて、かつ、ゲートの直下になければならない。そこで、ソースとドレインとゲートの位置を高い精度で作成するために、ここだけは特別な製造プロセスが採用されている。つまり、ソースとドレインよりも上に位置するゲートをまず作製し、次にゲートの上から不純物を打ち込む。する一方、ドレイン・ソース間の電界によってチャネルを移動する電荷速度は、ドレイン・ソース間の電界、つまりドレイン・ソース間電圧[V]÷チャネル長［m］で決まるので、スケーリングしても値は一定である。

以上を整理すると、電流IはV^2/xに比例するので、スケーリングで1/αに小さくなる。

また、容量Cは面積÷距離で求まるので、スケーリングで1/αに小さくなる。

(25)「電圧、電流、容量がそれぞれ1/αになると、回路の遅延時間も1/αになる。回路の遅延時間は容量×電圧÷電流で求められるからである」

電源電圧Vまで振幅するCMOS回路の負荷容量Cを充放電する電荷量Qは$Q=CV$で与えられ、電流Iは電荷の流速であるから$I=Q/t$（tは時間）で与えられることから、この二つの式を連立して解くと、$t=CV/I=RC$となる。つまり、CMOS回路の遅延時間は、抵抗Rと容量Cの積であるRC時定数で見積もることができる。

したがって、電圧Vと電流Iと容量Cがそれぞれ1/αに比例縮小されると、CMOS回路の遅延時間は1/α倍に小さくなる。

(26)「その場合、電流はα倍に増え、容量は1/αに小さくなるので、回路の遅延時間は1/α^2に小さくなり、回路はさらに高速で動作する。しかし電力密度はα^3で急増してしまい、発熱メートル［V/m］。単位を知っていると、物理的な意味を思い出すのに役立つ。

電界効果を利用したトランジスタをFET（Field Effect Transistor）と呼ぶ。

(24)「デバイスの寸法が$1/\alpha$になるとき、トランジスタを流れる電流と容量も同じく$1/\alpha$になる。なぜなら、電流はデバイスの寸法に比例して$1/\alpha$になり、容量も面積÷距離で求められるのだが面積は$1/\alpha^2$になっているため、容量は$1/\alpha$になるからだ」

電流Iは、電荷（単位はクーロン［C］）が流れる速度であり、［C/秒］で求まる。

これは、ゲートの電界効果によって誘起したチャネル方向の電荷密度［C/m］と、ドレイン・ソース間の電界によってチャネルを移動する電荷の速度［m/秒］の掛け算で求まる。

チャネル方向の電荷密度［C/m］は、電荷が$Q=CV$で求まることから類推できるように、ゲート容量Cとゲート・チャネル間の電圧Vの掛け算で求まる。

ここで、ゲート長をLとして、ゲート容量は$C=\varepsilon(LW)/d$で求まるので、チャネル方向あたりの容量は、チャネル幅W[m]÷ゲート絶縁膜の厚さd[m]で決まる。つまり、スケーリングしても値は一定である。

したがって、チャネル方向の電荷密度は電圧Vに比例して、スケーリングで$1/\alpha$に小さくなる。

分、また、歩留まりが高い分、ウエハー1枚から多くの良品チップを得ることができる。また、プロセス工程数が少ないほど、ウエハー1枚を製造するコストを低減できる。

チップの製造コストに加えて、チップの開発費、パッケージコスト、テストコスト、信頼性試験のコストが加わり、さらに営業や販売の経費が加算される。これらのコストに利益を加えたものが、価格である。

(22)「リソグラフィとプロセスの技術を進化させて、デバイスをスケーリングする。同時に、ウエハー口径を大きくしたり、製造技術を改善したりすることで歩留まりを高めて、良品チップの数を増やす」

四角いチップを丸いウエハーから切り出すとウエハーの周囲が無駄になる。なぜ、ウエハーは丸いのか？

理由は、高純度の単結晶シリコンインゴットを製造する際も、ウエハーにレジストを塗布したり成膜をしたりする際も、さらにウエハーを洗浄する際も、ウエハーを回転させることで、純度や均質性を高めることができるからである。

(23)「デバイスの寸法と電圧をどちらも1/αに小さくスケーリングすると、トランジスタ内部の電界を一定に保てる」

寸法の単位はメートル［m］、電圧の単位はボルト［V］。電界の強さ、つまり電界強度の単位はボルト毎が用いられる。また、その種類も近年急増している。たとえば配線には、微細化とともにより高い導電率の材料が求められる。かつてはアルミニウムだったが、2000年以降は銅とタングステンである。今後はコバルトが用いられるだろう。コバルトはレアメタルである。リチウムイオン電池でも必要とされる。世界生産の半分以上をアフリカのコンゴ民主共和国が占めている点が、供給網の不安材料である。

Ⅲ　構造改革 More Moore

(20)「電力低減の方策は三つある。低電圧化（V）と、低容量化（C）と、スイッチングの低減（fa）である」

電子デバイスでは、電子に情報を載せる。CMOS回路の場合、情報処理に用いる電荷は$Q=CV$（Cは回路の容量でVは電源電圧）である。この電荷が電圧Vだけ落ちて失うエネルギーは$E=QV=CV^2$となる。電力は毎秒消費するエネルギーなので、さらにスイッチングの回数をかけて、$P=faCV^2$で求められる（fはクロック周波数でaはスイッチング確率）。

(21)「チップの製造コストは、ウエハー1枚あたりの製造コストを1枚のウエハーから取れる良品チップの数で割った値である」

チップの製造コストは、チップ面積と歩留まり、そしてプロセスの複雑さで主に決まる。チップ面積が小さいさらにブロックの数が1000個になると、順列の数は2500桁を超える。探索空間が360桁あるといわれる碁をはるかに凌ぐ広大な空間である。しかし、碁においても名人を凌ぐAI技術を発表したグーグルが、機械学習で経験豊かな設計者を凌ぐ配置ができることを最近発表した。

(18)「社会のエネルギー問題を解決するには、半導体のエネルギー効率を高めるしかない。専用チップを使うことで汎用チップに比べて2桁程度電力効率を高めることができる」

汎用チップは、一般用途に開発されて市販される。一方、専用チップは、特定用途に開発されて市販されない。プロセッサを例に挙げると、インテルのCPUやエヌビディアのGPUは汎用チップであり、アップルのM1やグーグルのTPUは専用チップである。

汎用チップは、誰でも何の目的にでも利用できるように設計されているので、回路が冗長にならざるを得ない。さらに、過去から将来にわたって継続して利用できなければならないので、歴史の垢が積もる。それに対して専用チップは、利用者も目的もはっきりしているので、最適な設計ができる。その結果、電力効率を桁違いに高めることができる。

(19)「土砂は高純度のシリコンに代わる」

半導体には高純度なシリコン以外にもさまざまな材料

である。リチウム電池の出力電圧はおよそ3.7ボルトだから、3アンペア×3.7ボルト×3600秒＝4万ジュールのエネルギーが蓄えられている。

写真を撮るとき、チップが10ワットの電力を1秒間消費すると仮定しよう。その場合、1枚の写真を撮るのに10ジュールのエネルギーが消費されるので、写真を4000枚撮るとバッテリーがあがることになる。

(17)「専用チップに求められるのは資本力ではなく学術だ。かつてカリフォルニア大学バークレー校がレイアウトや論理の自動生成技術を創出したように、機能やシステムを自動生成する学術の創出が求められている。大学が担う役割は大きくなっているのだ」

回路ブロックを所定の領域内に配置してブロックの各端子間を要求どおりに配線する問題は、きわめて複雑な組み合わせ最適化問題である。

ブロックの数が10個であれば、並べ方は10の階乗、つまり360万余りなので、すべての場合についてコンピュータで調べ上げることもできよう。

ところが、ブロックの数が100個になると、順列の数は157桁を超える。全探索をあきらめて、ある程度正解に近い解を見つける手法が求められる。Mincut（最小カット定理）などの発見的手法のアルゴリズムやシミュレーテッド・アニーリングといった近似計算手法が使われてきた。

理へと設計の抽象レベルを高めることで、増大する設計の複雑さに対抗したのである。

しかし、どんなに優れたアルゴリズムでもせいぜい $n\log(n)$ のオーダーでしか問題を処理できない。ムーアの法則が10年で100倍も集積度を増やす結果、設計はやがて対応しきれなくなり、多品種開発の時代は終わって再び汎用の時代に移る。

2000年から2020年までの間は、汎用の時代が続いた。しかし、エネルギー危機が専用の時代の扉を開く。今回はムーアの法則が減速しているので、以前よりも専用の時代が長く続くだろう。

(16)「こうした制約下では、エネルギー効率を10倍高めた人だけが、コンピュータを10倍高性能にでき、スマートフォンを10倍長く使えることになる」

微細化によって回路の容量値を削減できれば、回路のエネルギー消費を低減できる。

CMOS回路は、電源側のスイッチをオンして容量を充電し「イチ」を出力する。あるいは、グラウンド側のスイッチをオンして容量を放電し「ゼロ」を出力する。

容量値がCのキャパシタにVの電圧をかけると、$Q=CV$の電荷が蓄えられる。それだけの電荷が電源からグラウンドに移動すると、$E=QV$のエネルギーを失う。つまり、CMOS回路のエネルギー消費は$E=CV^2$となる。

スマートフォンのバッテリー容量はおよそ3000mAh《ミリアンペアアワー》

追求される。一方、デジタルでは、モジュールの組み合わせによる規模の拡大が追求される。前者は日本が得意で、後者はアメリカが強い。そうした特長の違いは、均質社会と多様社会の違いによる国民性の違いにも関係しているのかもしれない。

(15)「このように、汎用の時代は、デバイスのイノベーションで幕が開き、資本競争の末に幕が下りる。一方、専用の時代は、設計開発のイノベーションで幕が開き、ムーアの法則で幕が下りる」

半導体メーカーにとっては、同じマスクを使って大量生産することで利益が生まれる。一方、半導体ユーザーにとっては、自分だけの特注チップを得ることで製品の競争力が生まれる。相反する要求の間で激しい市場競争と技術革新が生じることで、二つの時代は振り子のように往来してきた。

新しい市場で先行者が量産利益を出し始めると、その市場への参入者が急増して過当競争になり、価格低下を招いて利益が出なくなる。最終的に体力消耗戦を勝ち抜いたものだけが、市場を寡占する。

一方、その競争に敗れたものは、顧客要求を満足するカスタム設計技術を追求する。技術革新を引き起こしたものが、カスタムの時代の扉を開く。

1980年代にASICの時代を開いたのは、EDA（電子設計自動化）技術であった。トランジスタからゲート、論

(13)「コンピュータ発展のシナリオは、プロセッサとメモリを大量生産してハードウェアを普及させ、ソフトウェアでさまざまな用途に利用することであり、半導体ビジネスの王道は、プロセッサとメモリを安く大量に供給することになる」

コンピュータは、プロセッサとメモリから構成されるフォン・ノイマン・アーキテクチャを採用している。したがって、プロセッサとメモリの半導体市場は巨大になる。規格化されたチップを大量生産することで、経済性を追求することになる。そのため、熾烈な資本競争の末に寡占化が進む。プロセッサではインテルが7兆円、メモリではサムスン電子が7兆円の市場を占めている。

(14)「日本は、デバイスのイノベーションでは勝ったが、資本競争で敗れた」

1988年、日本の半導体の世界シェアは50%を超えていた。半導体は主にテレビやビデオなどの民生機器に用いられた。アナログ技術で物理空間の利便性を高めることを、日本の企業は得意とした。

その後、PCとスマートフォンの時代となり、デジタル技術で仮想空間を開拓することになる。それはアメリカが得意で、日本は苦戦を強いられた。

これからは、物理空間と仮想空間の高度な融合が求められる。日本は、物理空間で情報を集めるセンサーや物理空間に働きかけるモーターの制御で期待されている。

アナログでは、技術の擦り合わせによる品質の改善がムーアの法則は自然法則ではない。それは、産業界のリズムである。

半導体は大規模な技術集積体である。産業界は上流から下流までサプライチェーンが深くて広い。技術開発の足並みが揃わなければならない。二人三脚ならぬ二万人二万一脚のようなものである。足並みを揃えるために、技術ロードマップを業界で作成している。

仮にメーカーAが競合Bを出し抜いていち早く世代交代を成し遂げたとしても、そのメーカーの顧客はそのことを想定して事業計画を立てていない。また、メーカー1社に頼るのは供給不安が残るので、複数のメーカーに注文することも多い。こうした事情で、産業界にリズムが生まれるのである。

最先端技術を提供できるメーカーの数が最近減っている。寡占が進むと、リズムは乱れる。ムーアの法則の終焉の予兆である。

(12)「イノベーションを起こすためには楽天的でなければならない。危険を恐れず変化を求め、安住の地を出て冒険の旅に出るのだ」

イノベーションについて、ウィンストン・チャーチルは次の言葉を残している。「悲観主義者は、あらゆる機会のなかに問題を見出す。楽観主義者は、あらゆる問題のなかに機会を見出す」

にデジタル処理することで、写真を撮影したり記憶したりすることができる。

スマートフォンには数千億個のトランジスタが集積されている。仮にその1%が使われたなら、会場の100台のスマホで「数千億個の半導体スイッチが」動くことになる。また、毎秒10億回の時をきざむクロックに合わせて、数回のクロックに一度スイッチが動いたならば、「数億回オン・オフした」ことになる。

Ⅱ　捲土重来 Game Change

(10)「ただし、定石だけでは失った30年を取り戻すのは難しい。競争の舞台の第2幕を予見して先行投資をすることも必要である。剣道でいう『先々の先を撃つ』である」

日本の半導体が遅れた理由も、またその遅れをどうしたら取り戻すことができるのかも、達観すれば、国運であるとしか言いようがない。日米関係が摩擦から連携に変わり、ドル円為替が円高から円安に変われば、向かい風から追い風に変わる。今は国運の分岐点と言えよう。「鉄は国家なり」は、19世紀にドイツを武力で統一したビスマルクの演説に由来する。21世紀は「半導体は国家なり」と呼ばれるようになるのだろうか。

(11)「しかし、15年経つとムーアの法則で集積度は3桁も増え、やがて設計は追い付かなくなった。かくして専用チップの時代は終焉した」

まずは後工程でチップを積層して組み立てることから実用化が始まるが、やがて前工程でウエハーやチップを直接接合することが可能になるだろう。前工程と後工程は、じわりと一つになっていく。

(8)「ところが、花の誕生が地球を一変させた」

花の誕生により、植物と昆虫の間に「共生」と「共進化」が始まり、森は豊かになり、動物が増殖し、霊長類が繁栄した（「NHKスペシャル超・進化論」植物からのメッセージより）。

(9)「人々のスマホのなかで数千億個の半導体スイッチが数億回オン・オフした」

正反対に動作する2種類のスイッチを電源とグラウンドの間につないでゲートをつくる。ゲートに低い電圧（以下、ゼロ）を入力すると電源側のスイッチがオンになり、グラウンド側のスイッチがオフにされて、ゲートから高い電圧（以下、イチ）が出力される。同様に、ゲートにイチを入力すると、ゲートからゼロが出力される。

ゲートの出力に第二のゲートの入力をつなぎ、その出力を第一のゲートの入力に戻すと、第一のゲートの出力にイチが記憶される。これでメモリをつくれる。電子の流れる経路、つまり回路をうまく設計すると、情報を記憶したり計算したりできる。

イメージセンサーが出力するデジタル情報をこのよう

ロジック半導体は40nm、28nm、20nm、16nm、10nm、7nm、5nm、3nmと、2年ごとに世代交代を繰り返してきた。日本は40nmで止まったままだ。熊本に建つTSMCの工場は28nmから16nmの製造を目指す。2nmは、16nmから数えると5世代先。16nmに比べて電力効率が1桁高い。同じ電力を使えるならば性能は10倍高く、同じ性能で使うなら1/10の電力消費で済む。ラピダスが最先端の2nmの製造を目標にする理由はここにある。それに加えて、失ったFinFETの時代（16nmから3nm）を飛び越えて、2nmから始まるGAAの時代に挑戦するというキャッチアップの戦略もあるのだろう。

(7)「3D集積によってデータの移動距離を桁違いに短縮できれば、データ移動に費やされるエネルギー消費を大幅に削減できるでしょう」

物体が重力に従って落ちると、位置エネルギーが運動エネルギーに変わり、摩擦や衝突で音や熱となってエネルギーを消費する。同様に、電子が電界に従って移動すると、回路の抵抗で熱を発生しエネルギーを消費する。

微細化は、チップ内での計算に必要な電荷量を低減するが、チップ間のデータ移動に必要な電荷量を削減できない。別々のパッケージに封止されたチップを同じパッケージのなかで重ねて実装すると、データの移動距離を1万分の1に短縮できる。その結果、データの移動に必要なエネルギーを桁違いに低減できる。

良いこと」が成功のカギである。日本は工業立国を果たすが、大量消費は環境負荷を高め、成長の限界を招き、格差を拡大する。先進国では人口減少が問題となった。

来るべきSociety5.0は人間中心の社会。第三次産業であるサービス業は知識集約型で、「知恵を出し合う」ことが重要。知が価値を生み、個を生かす総活躍社会で、インクルーシブを標榜する。インクルーシブとは「包摂的」、すべての個人が知にアクセスし、平等な機会が得られることを意味する。

(6)「一方で、その計算を担う汎用プロセッサの電力効率は10年で1桁しか改善していません」

微細化すると回路の容量成分を減らして電力を削減できる。ロジック半導体は2年ごとに世代交代し、電力を30%ほど削減できる。つまり、10年間で$0.7^{10/2}$≒0.17に低減できる。微細化に加えて設計の工夫も加えることで、電力効率を1桁改善してきた。

チップが消費する電力は熱となって放出されるので、冷却が追い付かないと回路の一部を一時的に停電せざるを得ない。停電された回路の一部をダークシリコンと呼ぶ。ダークシリコンの割合は微細化とともに増加し、5nmでは80%にも及ぶ。つまりトランジスタを集積できても、引き出せる機能や性能はその一部にとどまる場合がある。したがって、電力効率の改善は性能改善につながる。

端の試作ラインと評価装置を研究者に提供するからである。地元のルーベン・カトリック大学をはじめ世界の研究者と学生を惹きつけている。

imecで試作・評価された技術は折り紙付きで世界に広がる。そこで、550社にのぼる企業が巨額の共同研究費と第一線の研究者をimecに送り出す。総収入4.2億ユーロの80%は海外企業からの収入である。それが人材と装置に投資される。

利益代表であるコンソーシアムのメンバーは、マネジメントに参加できない。少数の幹部がメンバーを巡回して彼らの要求に柔軟かつ素早く対応し、市場のニーズを集めて、それをグローバル人材からなるタレント集団が実行に移す。つまり、豊かなエコシステムを備えて世界の頭脳を惹きつけ、「共生」と「共進化」でイノベーションを起こしている（第Ⅵ章コラム「imecの強さの秘密」参照）。

(5)「データ駆動型社会Society5.0の創出に求められるのは、高度なコンピューティングです」

内閣府「第5期科学技術基本計画」によれば、Society1.0は狩猟社会、同2.0は農耕社会。第一次産業である農林水産業は労働集約型であり、「まじめにこつこつ」が成功の条件であった。

Society3.0は工業社会、同4.0は情報社会。第二次産業であるものづくりは資本集約型であり、「大きいことはして支援するための枠組みが検討されている。経済安全保障推進法にもとづく枠組みと、公債的な枠組み（仮称：GX〈グリーントランスフォーメーション〉経済移行債）である。

経済安全保障推進法は2022年5月に国会で成立し、特定重要物資の安定供給確保に関する基本方針が定められた。半導体も特定重要物資の一つだ。民間事業者は、特定重要物資等の安定供給のための計画を作成し、所管大臣の認定を受けることで支援を受けられる。

一方、公債的な枠組みについては、2050年カーボンニュートラルに伴うグリーン成長戦略として、化石燃料中心の経済・社会、産業構造をクリーンエネルギー中心に移行させ、経済社会システム全体を変革するGXを実行するため、2022年7月に内閣官房でGX実行会議が立ち上げられた。このなかで、GXを進めるための公債的な枠組みをつくり、今後財源を確保していくことを念頭に、予算額を確得していく議論が進んでいる。半導体は戦略物資としても、グリーン成長を進める物資としても期待されている。

(4)「さらに、欧州のimecとも協力しつつ、2020年代後半の量産実現を目指します」

imecは半導体に関する世界最先端の研究機関である。2700人の研究者を雇い、800人の博士課程学生を擁する。学位を授与しないのに学生が集まる理由は、最先で電子の流れを制御できるので、耐久性が高い。チップは固体素子回路（solid-state circuits）である。

半導体チップの製造には多くの業者が関わり、数カ月の時間を要する。半導体不足が起こるのは、急に発進・停車できない自動車の渋滞と似ている。満杯の製造ラインは、需要の変化に直ちに対応できない。半導体は電気を使うあらゆる製品に用いられる。たとえば自動車のワイパー制御用の安い半導体がないだけでも、自動車は完成しない。半導体の供給が滞ると経済に大きな影響が出る。半導体が経済安全保障上の戦略物資と言われる理由の一つだ。

(3)「地方活性化にもつながるこうした投資を、一層後押しすべく、先日成立した補正予算では、1.3兆円を措置いたしました」

半導体産業への投資競争が過熱している。アメリカでは5年間で527億ドル（約7.1兆円）の補助金を投じる法案が成立した。これに対抗して中国政府は、5年間で1兆元（約19兆円）を超える対策を発表している。EUも2030年までに430億ユーロ（約5.7兆円）を投じる法案を公表した。日本では、半導体関係について、2021年度に7700億円、2022年度には1兆3000億円ほどが経済産業省から補正予算として計上された。

本書でも述べてきたとおり、半導体の開発には継続的な投資が必要となる。日本政府でも、半導体事業を継続た、ロジック半導体も近年微細化が難しくなり、トランジスタの構造がFinFETやGAAへ大きく変革されるにつれて、設計と製造の共同最適化（Design-Technology Co-Optimization；DTCO）が強く求められている。たとえると、白いキャンバス（工場）に自由に絵（設計）を描けなくなったので、絵に合わせたキャンバスを準備しなければならないのである。製造ラインの構築は顧客との共同作業になる。それができるのは少数の大口顧客だけになると、工場の経営リスクが高まる。ビジネスモデルの修正は常に求められる。

(2)「半導体は、言うまでもありませんが、デジタル化、脱炭素化、また経済安全保障の確保、こうしたことを支えるキーテクノロジーです」

半導体は、導体と絶縁体の中間的な性質を持つ物質なので電流を制御できる。1947年にトランジスタ（transistor）が発明された。入力と出力の間で抵抗（resistor）を転送（transfer）することから命名された。制御を細かく行えば信号増幅に用いることができ、オン・オフに使えばスイッチになる。半導体スイッチを大規模に集積したのがロジックチップである。

半導体の出現以前は、真空管が電子回路に用いられた。真空管は、電極を熱して電子を空間に放出しその流れを制御するので、電極が徐々に細り、やがて電球のように切れてしまう。半導体は熱することなく固体のなか

もっと知りたい人のための深掘り解説

Ⅰ　一陽来復 Prologue

(1)「デジタル化や水平分業の遅れなど戦略に関する要因」

垂直統合とは、製品の開発から生産、販売にいたるまで、上流から下流のプロセスをすべて一社で統合したビジネスモデルである。一方、水平分業とは、製品の核となる部分は自社でつくり、それ以外の部分を外部委託するビジネスモデルである。どちらが優れているのか？

半導体ビジネスは、本来、垂直統合である。設計と製造の総合最適化が求められるからである。ところが1980年代に専用ロジック半導体ASICが誕生し、設計と製造のインタフェースであるEDA（Electronic Design Automation；自動設計ツール）とPDK（Process Design Kit；製造技術モデル）が整備されて、水平分業が可能になった。

工場建設に必要な資本が増大するなかで、製造を受託する専業ファウンドリのTSMCが1987年に創業した。顧客との競争を排除して信頼を獲得したTSMCは、成功の要因を「会社の成功は、適切な時期に、適切な場所に、適切なビジネスモデルで存在することから生まれる」（『ウォール・ストリート・ジャーナル』2021年6月19日付）と説明する。

メモリなどの汎用半導体は今でも垂直統合である。ま

黒田忠広　くろだ・ただひろ

1959年三重県生まれ。東京大学卒業。東芝研究員、慶應義塾大学教授、カリフォルニア大学バークレー校MacKay Professorを歴任。現在東京大学大学院教授。研究センターd.lab長と技術研究組合RaaS理事長を務める。米国電気電子学会と電子情報通信学会のフェロー。半導体のオリンピックと称される国際会議ISSCCで60年間に最も多くの論文を発表した研究者10人に選ばれる。

日経プレミアシリーズ｜496

半《はん》導《どう》体《たい》超《ちょう》進《しん》化《か》論《ろん》

二〇二三年五月　八日　一刷
二〇二三年五月二六日　二刷

著者　黒田忠広
発行者　國分正哉
発行　株式会社日経ＢＰ
日本経済新聞出版
発売　株式会社日経ＢＰマーケティング
〒一〇五―八三〇八
東京都港区虎ノ門四―三―一二

装幀　ベターデイズ
組版　マーリンクレイン
印刷・製本　中央精版印刷株式会社

ISBN 978-4-296-11781-9　Printed in Japan

日経プレミアシリーズ476

『失敗の本質』を語る

野中郁次郎＝著　前田裕之＝聞き手

ベストセラー『失敗の本質』はどのようにして誕生し、『アメリカ海兵隊』『戦略の本質』『国家戦略の本質』『知的機動力の本質』『知略の本質』などへと展開していったのか。本書は野中氏がリーダーとなった戦史研究を俯瞰し、どのように研究を深め、自身の経営理論とどうリンクしてきたのかを、自ら解説するもの。著者が自らの知識創造の軌跡を解明する試みでもある。

日経プレミアシリーズ480

世界食料危機

阮蔚

ロシアのウクライナへの軍事侵攻は、人類にとって欠くことのできない食料の供給が意外なほど脆弱であることをまざまざと見せつけた。なぜ両国の小麦やトウモロコシなどが世界の穀物貿易の鍵を握るようになったのか、さらには世界で進む穀物の生産・貿易・消費の地殻変動や脆弱性など危機の背景をわかりやすく解説する。

日経プレミアシリーズ490

国費解剖

日本経済新聞社　編

9割が使途を追えないコロナ予備費、乱立する基金と塩漬けになる予算、コンサルに巨額を投じる委託事業……。財政悪化の一方で、膨張を続ける国家予算。その内実を紐解けば、莫大な政府の無駄遣いが明らかに。緻密な取材から国費のブラックボックスに迫り財政規律回復への道筋を探る大反響の日経連載を大幅加筆のうえ新書化。

日経プレミアシリーズ 481

「強い円」はどこへ行ったのか

唐鎌大輔

50年ぶりの円安水準に直面した日本経済。「日本が売られているのだ」「国内外の金利差が原因で政策の問題だ」「これは悪い円安だ！」――様々な議論が交錯するが、本当は何が起きているのか？人気アナリストが背景にある構造要因を冷静に分析、将来に向け捉えるべき課題を整理する。

日経プレミアシリーズ 485

災厄の絵画史

中野京子

パンデミック、飢餓、天変地異、戦争……人類の歴史は災厄との戦いの歴史でもある。画家たちは、過酷な運命に翻弄され、抗う人々の姿をキャンバスに描き続けてきた。本書は、そんな様々な災厄の歴史的背景を解説しながら、現在も人々の心をつかむ名画の数々を紹介する。ベストセラー「怖い絵」シリーズ著者による意欲作。

日経プレミアシリーズ 487

地図から消えるローカル線

新谷幸太郎

鉄道開通から150年。全国の鉄道は大きな岐路に立たされている。鉄道会社の経営は厳しく、都市部の黒字が支えてきたローカル線の多くは事業継続が限界を迎えつつある。ごく一部の住民にしか利用されない交通機関でいいのか。歴史の証人でもある鉄道を通して公共交通とインフラの将来を考える。